W0253564

Die Chromgerbung.

Unter besonderer Berücksichtigung

der

in- und ausländischen Patentlitteratur.

Von

Dr. S. Hegel.

Berlin.

Verlag von Julius Springer.

1898.

Vorwort.

Angesichts der ausserordentlichen Bedeutung, die die Chromgerbung auch in Deutschland heute schon erlangt hat, muss es besonders auffallend erscheinen, dass es noch kein Specialwerk über Chromgerbung giebt, und gleichzeitig dürfte das Fehlen eines solchen Buches von den Fachleuten als ein grosser Mangel empfunden worden sein, ebenso, wie er sich mir selbst bei meiner, wenn auch nur theoretischen Beschäftigung mit der Chromgerbung recht häufig fühlbar gemacht hat. In der vorliegenden Arbeit ist nun versucht worden, diese Lücke einigermassen auszufüllen.

Es handelt sich dabei nicht um die Ergebnisse eigener Forschungen und Versuche, sondern um eine möglichst vollständige und übersichtliche Zusammenstellung dessen, was bisher über die Chromgerbung veröffentlicht und an Erfahrungen gesammelt worden ist. Der Fachmann wird also kaum wesentlich Neues in den folgenden Blättern finden; trotzdem dürfte es auch ihm willkommen sein, das bisher in der Fachpresse und Litteratur, sowie in zahlreichen Patentschriften des In- und Auslandes verstreute Material hier vereinigt zu finden. Von einer Sichtung des Materials wurde dem vorstehend angegebenen Zwecke des Buches entsprechend Abstand genommen, abgesehen davon, dass eine solche Sichtung nur auf Grund eingehender Versuche hätte erfolgen können, deren Ausführung mir nicht möglich war. In Uebereinstimmung damit wurden auch die einschlägigen Patente des Auslandes trotz ihres oft mehr als zweifelhaften Werthes und ungeachtet der durch ihre Wiedergabe veranlassten Wiederholungen ohne Unterschied aufgenommen. Massgebend war lediglich der

Umstand, dass es sich um die Anwendung irgend welcher Chromverbindung zum Gerben handelte. Die in diesen Patenten vorgeschriebenen Mengenverhältnisse und Versuchsbedingungen mussten ferner mit einer gewissen Ausführlichkeit übernommen werden, da durch die Wiedergabe des Princips allein, welches in den meisten Fällen dasselbe ist, die einzelnen Verfahren unmöglich bestimmt gekennzeichnet und von einander hätten unterschieden werden können. Sehr deutlich kommt dies zum Ausdruck in der „Zusammenstellung" auf S. 20, in der aus der Angabe der „wesentlichen Kennzeichen" allein die Unterschiede der einzelnen Verfahren oft nicht zu ersehen sind.

Ausser den reinen Chromgerbverfahren sind auch besonders die in neuerer Zeit zu so ausserordentlicher Bedeutung gelangten Kombinationsgerbverfahren berücksichtigt worden, auch wenn in diesen manchmal die Chromgerbung nur in ganz untergeordnetem Maſse zur Anwendung kommt; die zur Herstellung von künstlichem Leder und zur Umwandlung des Chromleders vorgeschlagenen Verfahren und diejenigen zum Färben sind in einem besonderen Anhang zusammengestellt.

Bei der Eintheilung des Materials wurde von einer Zerlegung in Einbad- und Zweibadverfahren Abstand genommen, da diese Verfahren vielfach in einander übergreifen und manche Einbadverfahren ohne wesentliche Aenderung als Zweibadverfahren ausgeführt werden können und umgekehrt. Auf Abbildungen und Beschreibungen von Maschinen glaubte ich verzichten zu können, da die zur Darstellung des Chromleders dienenden Vorrichtungen im allgemeinen keine besonderen Abweichungen von den sonst in der Gerberei bekannten und gebräuchlichen aufweisen.

Bezüglich der bei der Arbeit benutzten Litteratur sei bemerkt, dass mir ausser den Original-Patentschriften des In- und Auslandes folgendes Material zur Verfügung gestanden hat:

Heinzerling, Grundzüge der Lederbereitung;
Wiener, Lohgerberei. 2. Aufl. 1890;
Davis, Leather manufacture. 2. Aufl. 1897;
Kampffmeyer's Gerberzeitung;
Schuh und Leder;
Deutsche Gerberzeitung;

Der Gerber;
Prenzlau, die Chromgerbung;
Stenographischer Bericht über die 23. General-Versammlung des Vereins Deutscher Gerber (Hamburg 1895): Vortrag von Dr. Maschke über Chromgerbung;
Chemiker-Zeitung;
Zeitschrift für angewandte Chemie;
Dingler's polytechn. Journal.

Ich habe mich bemüht, den Bedürfnissen der Praxis mit der vorliegenden Arbeit entgegenzukommen und hoffe, dass mir dies bis zu einem gewissen Grad gelungen sein möge. Ich bitte um wohlwollende Beurtheilung und sage im voraus den Herren Fachkollegen für alle Mittheilungen und Wünsche bezüglich etwaiger Erweiterungen und Ergänzungen des Buches den besten Dank.

Berlin, im Mai 1898.

Der Verfasser.

ISBN-13: 978-3-642-89814-3 e-ISBN-13: 978-3-642-91671-7
DOI: 10.1007/978-3-642-91671-7

Inhalts-Uebersicht.

Allgemeiner Theil.

B. Specieller Theil.

A. Allgemeiner Theil.

I. Einleitung.

Die Chromgerbung ist eine besondere Art der Mineralgerbung. Zu dieser sind alle diejenigen Gerbverfahren zu rechnen, bei denen im Gegensatz zur vegetabilischen oder Lohgerbung mineralische Stoffe als Gerbmittel Anwendung finden. Es ist daher nicht ganz zutreffend, wenn in neuerer Zeit vielfach nur die Chrom- und Eisengerbverfahren als die eigentlichen Mineralgerbungen bezeichnet werden, während man der Alaun- oder Weissgerberei eine Sonderstellung zuweist. Eine derartige Trennung mag zwar aus praktischen Gründen und im Hinblick auf die Eigenschaften des alaungaren Leders bis zu einem gewissen Grade gerechtfertigt erscheinen, jedoch gehört auch die Alaungerberei ihrem Wesen nach zu den Mineralgerbungen und bietet als solche in historischer Beziehung ein besonderes Interesse, insofern als sie am längsten bekannt ist und in Folge dessen mehr oder weniger die Grundlage für alle neueren Mineralgerbverfahren und besonders auch für die Entwickelung der Chromgerbung gebildet hat.

Die Anwendung anderer mineralischer Salze als Alaun zum Gerben ist verhältnissmässig neueren Datums und reicht nur etwa 100 Jahre zurück. Die Einführung dieser Salze ist offenbar durch das Bestreben veranlasst worden, an Stelle der langwierigen und dadurch kostspieligen Lohgerbung ein Verfahren zu setzen, das bei gleich guter Wirkung durch kürzere Dauer und Billigkeit der vegetabilischen Gerbung überlegen ist. Diesen Anforderungen entspricht die Chromgerbung in ihrer jetzigen Form in vollem Umfange.

Aus der Alaungerberei war nicht nur bekannt, dass gewisse mineralische Stoffe im Stande sind, ähnlich wie die vegetabilischen Gerbstoffe, die Haut in Leder umzuwandeln, sondern auch, dass diese Art der Gerbung bei Weitem rascher verläuft, als die vegetabilische. Die Eigenschaften des nach diesem Verfahren hergestellten Leders sind nun freilich wesentlich andere, als die des lohgaren Leders, indessen war es darum doch nicht ausgeschlossen, dass es gelingen würde, unter Anwendung von anderen geeigneten mineralischen Stoffen ein Verfahren zu finden, das die kurze Dauer der Alaungerbung mit der guten Wirkung der Lohgerbung vereinigt. Es lag nahe, zunächst solche Mineralsalze auf ihre gerbende Wirkung zu untersuchen, welche in ihrem allgemeinen chemischen Verhalten den Thonerdesalzen ähnlich sind und deren schwefelsaure Salze insbesondere ebenso wie die schwefelsaure Thonerde die Fähigkeit besitzen, mit den schwefelsauren Alkalisalzen oder mit schwefelsaurem Ammoniak die unter dem Namen „Alaune" bekannten Doppelsalze zu bilden. Es sind dies die Salze des Eisens, Chroms und Mangans. Die aus diesen hergestellten Alaune unterscheiden sich also von dem gewöhnlichen Alaun dadurch, dass sie bei sonst gleicher Zusammensetzung an Stelle der Thonerde Eisen, Chrom und Mangan enthalten. Diese Metalle besitzen nun in der That sowohl in Form ihrer einfachen als auch in der ihrer Doppelsalze gerbende Eigenschaften.

Als besonders geeignet mussten von vornherein die Verbindungen des Eisens wegen ihrer Einfachheit und Billigkeit erscheinen, und thatsächlich wurden sie auch zuerst an Stelle der Thonerdesalze zum Gerben angewendet. Die betreffenden Verfahren bilden den Gegenstand mehrerer Auslandspatente, z. B. von S. Ashton aus dem Jahre 1794, von Jul. Bordier aus dem Jahre 1842. Der letztere verwendet basisch schwefelsaures Eisenoxyd, behandelt mit schwefliger Säure und oxydirt dann wieder. Ein ähnliches Verfahren liessen sich im Jahre 1855 ebenfalls zwei Ausländer, Molac und D. Friedel, patentiren. Vor allem sind hier auch die Versuche und Bemühungen von Friedrich Knapp zu erwähnen, der sich aufs eingehendste mit der Eisengerbung beschäftigt hat in der Absicht, diese zu einem technisch brauchbaren Verfahren zu gestalten. Sind hier auch die äusseren Erfolge bis jetzt wenigstens ausgeblieben, so gebührt doch Knapp das Verdienst, durch seine Versuche die wissenschaftliche Grundlage für alle späteren Mineralgerbungen geschaffen zu haben, so dass er von Manchen als der Vater der Mineralgerbung im engern Sinne bezeichnet wird.

Weit günstigere Erfolge wurden bei der Anwendung von Chromsalzen erzielt. Zwar waren die Resultate auch hier in der ersten Zeit wenig befriedigend, wiederholt gab es die bittersten Enttäuschungen, und mehrmals schien es, als ob die Chromgerbung niemals eine technische Bedeutung erlangen sollte; doch ist es endlich nach unermüdlicher Arbeit und durch gründliche Erforschung der bei der Chromgerbung sich abspielenden chemischen Reaktionen gelungen, freilich erst in neuester Zeit, ein Chromleder darzustellen, welches in Folge seiner vortrefflichen Eigenschaften auch den höchsten Ansprüchen genügt, und welches wegen seiner grossen Vorzüge in kurzer Zeit eine ausserordentliche Beliebtheit erlangt hat. Von den Verbindungen des Chroms wurden zuerst die sauren chromsauren Salze von Cavalin im Jahre 1853 zum Gerben vorgeschlagen und in Verbindung mit Thonerde- und reducirend wirkenden Eisenoxydulsalzen angewendet, so dass dieses Verfahren eine Kombination der Chrom-, Alaun- und Eisengerbung darstellt. Bald darauf folgte Knapp im Jahre 1861 mit seinem englischen Patent No. 2716, nach dessen Angaben die Metalloxyde, wie Eisen-, Chrom und Manganoxyd, in Verbindung mit Fettsäuren in Form unlöslicher Metallseifen der Haut einverleibt werden. Von grösster Bedeutung für die Entwickelung der Chromgerbung waren jedoch die Heinzerling'schen Patente aus dem Jahre 1878, welche eine eingehende Beschreibung eines vollständig ausgearbeiteten Schnellgerbverfahrens zur Herstellung von Oberleder unter Anwendung von Chromsalzen enthalten. Die Angaben von Heinzerling bilden die Grundlage für alle späteren Chromgerbverfahren bis in die neueste Zeit. Der Ausführung dieses ersten Heinzerling'schen Verfahrens und seiner allgemeineren Anwendung im Grossen stand der Umstand im Wege, dass bei dieser Art der Gerbung eine grosse Zahl der verschiedensten Chemikalien nöthig ist, und dass es genaue chemische Kenntnisse voraussetzt, da es ohne diese nicht möglich ist, die einzelnen Stoffe in den richtigen Mengenverhältnissen anzuwenden und das Auftreten von schädlichen Produkten wie z. B. überschüssiger freier Säure u. dgl. zu vermeiden. Die Verbesserungen, deren dieses Verfahren noch bedurfte und welche im Wesentlichen dessen Vereinfachung bezweckten, sind zum grössten Theile in Amerika ausgearbeitet worden, wo die Chromgerbung überhaupt nach den verschiedensten Richtungen in den letzten Jahren vervollkommnet worden ist. Im

Gegensatz zu Deutschland, wo man das Verfahren nach einigen kleineren missglückten Versuchen fast wieder aufgeben wollte, gelangte diese Art der Gerbung in Amerika derartig in Aufschwung, dass z. B. eine einzige Fabrik der Firma Robert Förderer in Philadelphia bereits vor mehreren Jahren wöchentlich 36 000 Ziegenfelle nach dem Chromgerbverfahren verarbeitete. In Amerika war es auch, wo im Laufe der Zeit die zwei principiell verschiedenen Methoden der Chromgerbung ausgearbeitet worden sind, die man als Einbad- und Zweibadverfahren unterscheidet und deren Wesen im nächsten Abschnitt erläutert werden wird. Die bekanntesten dieser zum grössten Theil patentirten Verfahren sind diejenigen von Schultz und Zahn einerseits und von Dennis andererseits. Heinzerling hat ebenfalls fortgesetzt an seinem Verfahren weitergearbeitet und Verbesserungen angebracht, welche er sich in Amerika und England durch Patente hat schützen lassen. In Folge dessen steht die Chromgerbung heutzutage bereits auf einer hohen Stufe der Leistungsfähigkeit; aber auch jetzt wird immer noch unablässig an ihrer Vervollkommnung gearbeitet, und als ein besonders erfreuliches Zeichen ist es zu betrachten, dass die letzte durch ein Deutsches Reichs-Patent geschützte Neuerung auf dem Gebiete der Chromgerbung von einer deutschen Firma (Boehringer) stammt.

II. Theoretisches.

a) Chemie der Chromsalze.

Eine theoretische Erklärung der gerbenden Wirkung der Chromsalze ist nur unter Berücksichtigung des chemischen Verhaltens dieser Verbindungen möglich.

Das metallische Element Chrom bildet mit dem Sauerstoff drei Reihen von Verbindungen: die Oxydulverbindungen, die Oxydverbindungen und die Sesquioxyd- oder Chromsäureverbindungen.

Diese verschiedenen Oxydationsstufen zeigen in chemischer Hinsicht ein durchaus verschiedenes Verhalten. Während die Oxydul- und Oxydverbindungen analog den übrigen metallischen

Oxyden gegenüber den Säuren stark basische Eigenschaften aufweisen, so dass sie sich mit jenen zu beständigen Salzen, den Chromsalzen, vereinigen, besitzt im Gegensatz hierzu die höchste Oxydationsstufe des Chroms stark sauren Charakter, und ihre Verbindungen mit Basen bilden die Salze der Chromsäure. Man erhält daher Salze des Chroms sowohl durch Vereinigung mit Basen, als auch mit Säuren, je nachdem man von der höchsten Oxydationsstufe oder von der niederen ausgeht. So entsteht z. B. aus Chromsäure und Kali das chromsaure Kali, andererseits durch Vereinigung von Chromoxyd mit Schwefelsäure das schwefelsaure Chromoxyd. Die Chromoxydulsalze sind sehr unbeständig und kommen für die Gerberei nicht in Frage; von den Chromoxydsalzen sind ausser dem Chromchlorid, dem salzsauren Chromoxyd, noch das schwefelsaure Chromoxyd, sowie die Chromalaune, die Doppelsalze aus schwefelsaurem Chromoxyd mit den schwefelsauren Alkalisalzen, von grosser Bedeutung für die Gerberei; dasselbe gilt fast in noch höherem Grade von den chromsauren Salzen, von denen das bekannteste, das Kaliumbichromat oder saure chromsaure Kali, in grossen Mengen fabrikmässig hergestellt wird. Man gewinnt es durch Erhitzen von Chromeisenstein mit Kalk an der Luft, Auflösen des entstandenen Calciumchromats in Schwefelsäure und Umsetzen des dabei gebildeten Calciumbichromats mit Pottasche.

Die Chromoxydsalze sind in Wasser leicht löslich; aus ihren Lösungen fällen Alkalien, kohlensaure Alkalien und Sulfide der Alkalien Chromhydroxyd als voluminösen, in Wasser ganz unlöslichen graublauen Niederschlag. Beim Glühen entsteht daraus Chromoxyd. Von besonderer Wichtigkeit für die Gerberei ist ferner das Verhalten der Chromsäureverbindungen gegen reducirende Substanzen, indem die Chromsäureverbindungen durch diese in Chromoxydverbindungen übergeführt werden; die gebräuchlichsten Reduktionsmittel in der Gerberei sind die schweflige Säure und deren Salze, sowie Schwefelwasserstoff; doch sind ausser diesen noch eine sehr grosse Anzahl anderer Verbindungen vorgeschlagen worden. Im allgemeinen ist für die Chromgerbung das folgende Verhalten der Chromsäure von Bedeutung.

Bei der Einwirkung von schwefliger Säure auf eine Chromsäurelösung scheidet sich zuerst braunes chromsaures Chromoxyd aus, bei fortgesetzter Einwirkung bildet sich schwefelsaures Chromoxyd, beim Einleiten von Schwefelwasserstoff fällt sogleich grünes

Chromoxyd, gemengt mit Schwefel. Mit Salzsäure giebt die Chromsäure Chromchlorid unter Entweichen von Chlor.

Die Lösungen der chromsauren Salze scheiden beim Erhitzen mit Schwefelalkalien Chromoxyd ab, desgleichen, wenn man Schwefelwasserstoff durch die Lösung leitet. Behandelt man die Lösung mit Schwefligsäuregas, so fällt zuerst braunes chromsaures Chromoxyd nieder, allmählich aber entsteht eine Chromoxydlösung, indem die schweflige Säure oxydirt wird. Bemerkenswerth ist die Einwirkung von schwefliger Säure auf eine mit überschüssiger Schwefelsäure versetzte Lösung von Bichromat, wobei Kaliumchromalaun gebildet wird.

Das Kaliumbichromat bildet mit Leim, Gelatine, Gummi etc. Verbindungen, welche am Licht unlöslich in Wasser werden, eine Thatsache, von der in der Chromgerberei, insbesondere bei der Herstellung von Kunstprodukten, gelegentlich Gebrauch gemacht wird.

Das Wesen der Chromgerbung besteht darin, dass man eine von der Hautblösse aufgesaugte Chromsalzlösung in der Weise fällt, dass eine unlösliche bezw. nicht mehr auswaschbare Verbindung von Chrom mit der Hautfaser in den Poren der Haut entsteht. Zur Bildung derartiger Verbindungen ist vor allem das Chromoxyd geeignet; es lässt sich sowohl aus Chromoxydsalzen durch alkalische Reagentien, als auch aus Chromsäureverbindungen durch Reduktionsmittel abscheiden und ist in Wasser vollständig unlöslich. Ob dieses Chromoxyd im Stande ist, im Entstehungszustande sich chemisch mit den Elementen der Hautblösse zu einer metallorganischen Verbindung zu vereinigen, und ob die Gerbung hierauf oder auf rein physikalischen Vorgängen der Oberflächenanziehung beruht, darüber herrscht noch keine völlige Klarheit. Das Richtige wird man vermuthlich treffen mit der Annahme, dass chemische und physikalische Vorgänge sich gleichzeitig abspielen, welche nicht von einander getrennt werden können.

b) Wirkung der Chromoxydsalze auf die thierische Haut.

Die neutralen Chromoxydsalze wirken als solche nur in geringem Maasse gerbend auf die Haut, da in ihnen das Chromoxyd durch die Säure fest gebunden ist und eine Abscheidung dieses Gerbmittels fast nicht zu Stande kommen kann. Was die Chromalaune betrifft, so wirken diese nach Knapp und Reimer sämmtlich ganz ähnlich wie die gewöhnlichen Thonerdealaune in der Weissgerberei, wobei basische Metallverbindungen oder Metalloxyde auf der Faser niedergeschlagen werden, während in der Lösung die entsprechenden sauren Salze gelöst bleiben. Nach der Ansicht von Eitner[1]) ist diese Annahme nicht zutreffend und der Vorgang gerade umgekehrt. Nach seiner Theorie kommt bei Anwendung der den Thonerdesalzen analog zusammengesetzten Chromoxydsalze wie Chromsulfat, Chromchlorid, Chromalaun die Fixirung eines sauren Salzes in der Faser zu Stande, während ein basisches Salz zurückbleibt bezw. ausgewaschen wird. Auf die Abscheidung dieser sauren Salze in der Haut wird von Eitner die Thatsache zurückgeführt, dass manche Chromleder beim längeren Lagern allmählich hart, mürbe und leicht zerreissbar werden. Es wird sich jedoch später zeigen, dass dieser Erscheinung andere Ursachen zu Grunde liegen. Ueberdies ist neuerdings durch Dr. Philip[2]) die Unrichtigkeit der Eitner'schen Theorie nachgewiesen worden. Dr. Philip liess zu diesem Zweck eine 2%ige Lösung von Aluminiumsulfat auf Hautpulver einwirken. Während nun vor der Behandlung mit Hautpulver das Verhältniss von $Al_2O_3 : SO_3 = 7{,}12 : 100$ war, ergab sich nach der Behandlung das Verhältniss von $5 : 100$; daraus folgt, dass in der Hautfaser ein basisches Salz abgeschieden wird (oder auch das Metalloxyd selbst), während ein saures Salz in der Lösung bleibt.

Durch die Einwirkung der Chromoxydsalze wird ebenso wie bei allen Metallgerbungen nur das Eiweiss der Haut und nicht die leimgebende Substanz umgewandelt. Es ist dies von Lietzmann durch folgenden interessanten Versuch nachgewiesen worden: Wird Eiweiss in einem Reagensglas mit der Lösung eines Chrom-

---

[1]) Der Gerber 1896, S. 25.

[2]) Zeitschr. f. angew. Chemie 1897, S. 680.

oxydsalzes geschüttelt, so koagulirt es sofort, wobei sich eine unlösliche, nicht fäulnissfähige Verbindung bildet. Nimmt man jedoch statt des Eiweisses eine Lösung der leimgebenden Substanz und versetzt diese mit Chromoxydsalzlösung, so findet keine Reaktion statt; wird diese Lösung filtrirt, so lässt sich im Filtrat die leimgebende Substanz mit Tannin deutlich nachweisen.

c) Wirkung der Chromsäure und ihrer Salze auf die Haut.

Ebenso wie die Chromoxydsalze wirken auch die chromsauren Salze oder die freie Chromsäure an sich nicht gerbend auf die Hautfaser oder doch erst nach längerer Zeit, wobei dann gleichzeitig ein Theil der Hautblösse zerstört wird; jedoch zeigen auch diese Lösungen die werthvolle Eigenschaft, die Haut bis in die innersten Theile vollständig zu durchdringen und alle einzelnen Hautfasern zu umhüllen, während es andrerseits ohne Schwierigkeit gelingt, aus dieser Lösung, nachdem sie das Gewebe vollständig durchdrungen hat, (durch Reduktion) eine unlösliche Chromverbindung abzuscheiden, welche sich im Moment der Entstehung dann aufs innigste mit der Hautsubstanz zu einer unlöslichen Masse vereinigt.

Ueber die Art der Wirkung der Chromgerbung gehen die Ansichten, wie schon oben bemerkt, auseinander; nach der einen Auffassung handelt es sich dabei um einen rein mechanischen (physikalischen) Vorgang, indem in den Poren der Haut unlösliches Chromoxyd abgelagert wird; nach der andern Auffassung beruht die gerbende Wirkung des Chromoxyds darauf, dass es im Moment seiner Abscheidung die Eigenschaft besitzt, ähnlich den löslichen Chromoxydsalzen, mit der Eiweisssubstanz der Haut eine unlösliche, nicht fäulnissfähige Verbindung einzugehen. Ausserdem dürfte auch die Fähigkeit der Chromsäure, mit Leim, Gelatine u. dgl. unter der Einwirkung des Lichtes unlösliche Verbindungen zu bilden, bei der Chromsäuregerbung eine Rolle spielen, indem dadurch die Haut bis zu einem gewissen Grad gehärtet wird.

III. Die Chromgerbung.

Die Anwendung der gerbenden Chromverbindungen erfolgt nach zwei verschiedenen Verfahren, welche man als das Einbad- und Zweibadverfahren unterscheidet, je nachdem nur ein einziges oder zwei (und mehr) Bäder zur Durchführung des Gerbprocesses erforderlich sind.

a) Das Einbadverfahren

wird in der Regel bei den Chromoxydsalzen angewendet, während das Zweibadverfahren sich am besten für die Gerbung mit chromsauren Salzen oder mit Chromsäure selbst eignet. In beiden Fällen handelt es sich im wesentlichen darum, in den Hautblössen die Abscheidung von unlöslichem Chromoxyd zu veranlassen. Um diese Abscheidung aus den Chromoxydsalzen, in denen es sehr fest gebunden ist, zu bewirken, verfährt man beim Einbadverfahren in der Weise, dass man die Chromoxydsalzlösungen mit soviel Alkali, z. B. mit Soda, versetzt, bis eben die Abscheidung von unlöslichem Chromoxydhydrat beginnt, worauf man die so erhaltenen Lösungen mit den Häuten zusammenbringt. Dabei wird ein Theil der das Chromoxyd bindenden Säure von dem Alkali verbraucht, während auf der andern Seite gleichzeitig ein an Chromoxyd überreiches Salz gebildet wird, welches gegenüber der in ihm enthaltenen Säuremenge einen Ueberschuss an Chromoxyd enthält. Diese Art von Salzen bezeichnet man im allgemeinen als basische Salze; sie lassen sich sowohl aus den sauren, wie aus den normalen Salzen herstellen. Im vorliegenden Fall stellen sie gewissermaassen eine Auflösung von freiem Chromoxyd in neutralem Salz dar. Das in ihnen enthaltene Chromoxyd ist nur sehr lose gebunden und wird beim Zusammentreffen mit der Hautfaser ausserordentlich leicht von dieser aufgenommen unter Zurücklassung des normalen oder auch sogar des sauren Chromoxydsalzes.

b) Das Zweibadverfahren,

welches die Abscheidung des Chromoxyds aus der Chromsäure und ihren Salzen bezweckt, besteht im allgemeinen darin, dass man die Häute zunächst mit der Chromsäurelösung imprägnirt und sie dann in einem zweiten Bade der Reduktion unterwirft, wodurch die lösliche Chromsäure in das unlösliche Chromoxyd umgewandelt wird. Zur Ausführung dieser Reduktion sind die verschiedenartigsten anorganischen und organischen Verbindungen vorgeschlagen worden; am geeignetsten erscheint für diesen Zweck bis jetzt das zuerst von Professor Thorpe vorgeschlagene schwefligsaure und unterschwefligsaure Natron, das bei Gegenwart von Salzsäure zur Anwendung kommt. Zur Ausführung der Reduktion genügt nach Procter ein sehr geringer Zusatz von Salzsäure; nach seiner Ansicht verläuft nämlich die Reaktion in der Weise, dass zunächst nur eine geringe Menge schweflige Säure in Freiheit gesetzt zu werden braucht; diese wird durch die im Ueberschuss vorhandene Chromsäure zu Schwefelsäure oxydirt, welche nun wieder im Stande ist, eine neue entsprechende Menge des schwefligsauren Salzes zu zersetzen, sodass auf diese Weise ein Kreisprocess zu Stande kommt, der sich so lange fortsetzt, bis alles schwefligsaure Natron zersetzt ist. Nach der Ansicht anderer Sachverständiger verläuft der Reduktionsprocess jedoch nicht in der beschriebenen einfachen und glatten Weise, sondern es entstehen dabei komplicirte sogen. Poly-Thionsäuren, wodurch die Operation sich häufig zu einer ziemlich schwierigen gestaltet. Wie weit die Erklärung Procter's zutrifft, kann dahin gestellt bleiben; jedenfalls ist es nothwendig, im Reduktionsbade jeden Ueberschuss freier Säure zu vermeiden, da ein solcher nicht nur äusserst schädlich auf die Hautblössen einwirkt, sondern auch die Abscheidung unlöslichen Chromoxyds in den Poren der Haut unmöglich macht. Die Reduktion der in den Häuten enthaltenen Chromsäure kann endlich auch auf Kosten der Hautsubstanz selbst oder auf Kosten der zur Zurichtung dienenden Fette u. dgl. sich vollziehen, allerdings nicht zum Vortheil des betreffenden Leders.

Die Verfahren, durch welche die Chromgerbung in erster Linie ihre erstaunlichen Erfolge in der neueren Zeit errungen hat, sind amerikanischen Ursprungs. Es sind diejenigen von Norris, Schultz, Zahn und Dennis[1]). Das Wesentliche der drei erstgenannten Verfahren ist die Reduktion von sauren chromsauren Salzen bezw. von Chromsäure mit verschiedenen Agentien. Norris

---

[1]) cfr. Chem.-Ztg. 1894 und 1896 Jahr.-Ber.

verwendet als Reduktionsmittel Schwefelwasserstoff; Schultz reducirt die in saurer Lösung befindlichen Bichromate mit schwefliger Säure zu Chromsulfat, und Zahn benützt zur Reduktion Schwefelalkalien und arsenigsaure Salze. Bei dem Dennis'schen Verfahren geht man von Chromoxydsalzen aus und stellt schliesslich ein basisches Salz dar, in dessen Lösung die Blössen eingehängt werden und welche direkt gerbend wirkt.

Von den vorstehend gekennzeichneten Verfahren haben sich in Deutschland eingeführt namentlich das Zweibadverfahren von Schultz und das Einbadverfahren von Dennis. Eine für das letztere geeignete, unmittelbar nach entsprechender Verdünnung anwendbare Gerbbrühe wird von der Martin Dennis Chrome Tannage Company in Newark hergestellt und mit der Gebrauchsanweisung unter dem Namen „Tanolin“ in den Handel gebracht. Die Herstellung geschieht durch Zusatz von Soda zu einer Auflösung von Chromoxydhydrat in Salzsäure, bis eben ein bleibender Niederschlag zu entstehen beginnt. Die Umsetzung erfolgt wahrscheinlich nach folgender Gleichung:

$$Cr_2Cl_6 + Na_2CO_3 + H_2O = Cr_2(OH)_2Cl_4 + 2NaCl + H_2O.$$

Das Dennis'sche Verfahren ist analog dem in Deutschland unter No. 70 226 patentirten Verfahren von Reinsch mit Eisenoxychlorid-Chlornatrium.

Die beim Schultz'schen Verfahren sich abspielenden chemischen Vorgänge in den dabei verwendeten Lösungen 1. Bichromat und Salzsäure, 2. Thiosulfat und Salzsäure, sind mehrfach näher untersucht worden[1]), jedoch noch nicht in befriedigender Weise aufgeklärt. Es hat sich jedoch dabei ergeben, dass es zur Erzielung eines guten Leders zweckmässig ist, wenn nur $^1/_4$ bis $^1/_2$ der gesammten Chromsäure als freie Säure vorhanden ist. (s. o.).

Das Zweibadverfahren arbeitet schneller, ist aber umständlicher als das Einbadverfahren. Nach beiden wird jetzt Leder von guten Qualitäten hergestellt und von den Fabrikanten unter verschiedenen Phantasienamen wie: Corin, Groïscin, Gummileder, Dixin, Vici-kid etc. in den Handel gebracht.

Die Wirkung der Chromgerbung ist im Princip dieselbe wie bei jeder andern Gerbung und besteht in einer mehr oder weniger

[1]) Journ. Soc. Chem. Ind. 1895, 14, No. 3.

vollständigen Isolirung der die Gewebsfasern zusammensetzenden Hautfibrillen, entsprechend der Definition von Leder nach Knapp, wonach dieses als thierische Haut aufzufassen ist, bei welcher durch irgend ein Mittel das Zusammenkleben der Fasern beim Trocknen verhindert worden ist.

Bei der Chromgerbung geschieht dies durch Einlagerung von unlöslichen Chromverbindungen in feinster Vertheilung im Innern der Haut. Auf diese Weise werden nun zwar die Hautfibrillen isolirt, ohne jedoch in dem Maasse auseinanderzufallen, wie beim Alaunleder, sodass das Chromleder auch auf der Fleischseite stets ein viel feinwolligeres und dichteres Aussehen zeigt als Alaunleder und daher besonders nach der Kombination mit Lohgerbung auch die Zurichtung auf der Fleischseite gestattet. Andrerseits erklärt sich durch dieses Auseinanderfallen der Faserbündel die Weichheit und die Zugfestigkeit des Chromleders. Da die Hautfibrillen keine wesentliche Aenderung in Form und Masse erfahren, bleibt das Leder zähe und erfährt keine merkliche Zunahme an Fülle und Gewicht. Chromleder ist in der Regel „leer“ und nicht vollgriffig. Es ist daher auch allgemein üblich, das Chromleder nicht nach dem Gewicht, sondern nach Maass zu verkaufen.

Im Gegensatz zu anderen gerbenden Mineralsalzen zeigen alle löslichen Chromsalze die Eigenschaft in das Innere der Fibrillen einzudringen und dort mehr oder weniger festgehalten zu werden; in Folge dessen haften auch die Chromsalze besser als z. B. die Thonerdesalze in der Haut, so dass in manchen Fällen eine Ablagerung bis zu 10% Chromoxyd erzielt werden kann. Diesem Umstand verdankt das Chromleder seine Beständigkeit beim Kochen mit Wasser, sowie gegen die Einwirkung anderer Agentien.

Das mit Hülfe von Chromsäure hergestellte Leder besitzt die gelbgrüne Farbe des Chromoxyds; in Folge der härtenden Wirkung der Chromsäure auf die Hautgelatine lässt es sich, einmal getrocknet, in Wasser nicht wieder aufweichen. Falls solches Leder gefärbt werden soll, muss dies vor dem Trocknen geschehen. Chromleder dehnt sich beim Gebrauch nicht aus, sondern behält stets seine ursprüngliche Form; dabei verbindet es grosse Weichheit und Elasticität mit Festigkeit und hoher Widerstandsfähigkeit gegen Feuchtigkeit; alle diese Eigenschaften lassen das Chromleder als das „non plus ultra“ für Oberleder erscheinen. Eine der interessantesten Eigenschaften des Chromleders ist die, das es mit Wasser sogar gekocht werden kann, ohne zusammenzuschrumpfen und die Gare zu verlieren. Als weitere grosse Vorzüge der Chromgerbung sind hervorzuheben die Billigkeit und die kurze Dauer der Gerbung. Letztere nimmt in den meisten Fällen nur wenige Stunden in Anspruch.

In Amerika ist die Chromgerbung zu einer solchen Vollkommenheit ausgearbeitet worden, dass nach diesem Verfahren fast alle Sorten Leder hergestellt werden: Treibriemen, Geschirrleder, hartes Sohlleder, Oberleder, Handschuhleder, glaceé Kid, Chamoisleder.

Der Herstellung liegt meist das Einbadverfahren von Dennis (amer. Patent No. 495028) zu Grunde.

Ein sehr geeignetes Material bildet das Chromleder auch für Sportschuhe, da es sehr leicht, sehr dicht und geschmeidig ist; man benützt hierzu in der Regel Rindshäute. Manche behaupten, dass das Chromleder wegen seiner Undurchlässigkeit für Feuchtigkeit die Ausdünstung der Haut verhindere und daher kalt auf dem Fusse liege, kalte Füsse mache, eine Eigenschaft, die von andrer Seite übrigens lebhaft bestritten wird. Einmal durchnässt wird das Chromleder nur schwer wieder trocken.

IV. Allgemeine Bemerkungen über die Ausführung des Chromgerbverfahrens.

Die Vorarbeiten, das Kälken, Reinmachen und Beizen, sind bei der Chromgerbung im allgemeinen dieselben wie bei der Alaungerberei. Zum Aeschern dient Schwefelnatrium und Kalk; das Reinmachen durch Auswaschen mit reinem Wasser muss mit besonderer Sorgfalt ausgeführt werden. Das Beizen endlich geschieht immer noch häufig mit Hühnermist oder Hundekoth; jedoch verwenden viele Gerber auch nur eine Beize von frischer Kleie mit Sauerteig. Es empfiehlt sich, die dabei stattfindende Schwellung in mässigen Grenzen zu halten, da bei zu starker Schwellung ein sehr lockeres und zum Färben ungeeignetes Leder erhalten wird; ausserdem ist es im Hinblick auf die Eigenschaft der Chromsalze und besonders der Chromsäure, die Haut leicht und vollständig zu durchdringen, überhaupt nicht nothwendig, das Hautgewebe in so starkem Maasse zu lockern, wie dies bei der Lohgerbung angezeigt ist. Dazu kommt noch, dass bei der Chromgerbung im Gegensatz zur Lohgerbung das feste Gefüge durch die Wirkung des Gerbmittels nicht wieder hergestellt wird; vielmehr wird hier durch die Einlagerung des fein vertheilten Chromoxyds zwischen die Fibrillen der Haut, wie bei jeder Mineralgerbung, von vornherein eine Lockerung des Gewebes bewirkt.

Nach den vorbereitenden Operationen folgt die Behandlung in der die eigentliche Gerbung bewirkenden Chromsalzlösung. Die Gerbung wird in der Weise ausgeführt, dass man die Häute in der Flüssigkeit glatt untergetaucht liegen lässt oder in die Lösung einhängt. Von vortheilhaftester Wirkung ist es auch hier, ebenso wie bei der Lohgerbung die Häute dauernd in Bewegung zu halten oder sie doch wenigstens in kurzen Zwischenräumen in der Brühe tüchtig durchzuarbeiten; keinesfalls dürfen die Häute in faltigem Zustand in der Chromlösung längere Zeit ruhig liegen bleiben, da sie sonst in diesen Falten erhärten und Knicke bekommen, welche sich nicht mehr herausarbeiten lassen; am besten verläuft der Gerbprocess im Walk- oder Haspelfass. Auch bei der Chromgerbung empfiehlt es sich, mit sehr verdünnten Brühen zu beginnen und die Koncentration durch gleichmässiges Zubessern allmählich zu erhöhen. Eine besonders energische Wirkung der Gerbflüssigkeit und damit eine weitere Abkürzung des an sich schon kurzen Gerbverfahrens lässt sich durch gelindes Erwärmen der Chrombrühe erzielen. Man ist auf diese Weise dahin gelangt, die ganze Gerbung auf wenige Stunden z. B. bis auf zwei zusammenzudrängen.

Eine besondere Ausführungsform der Chromgerbung ist von R. F. Reinsch in Erlangen in der Patentschrift No. 71014 vom 29. Juli 1892 vorgeschlagen worden. Darnach lässt man die Gerbflüssigkeit über die senkrecht an einem schwach geneigten Träger mit Vertikalrinne aufgehängten Häute in stetigem Strom herabrieseln. Als ein besonderer Vortheil dieser Arbeitsmethode wird angegeben, dass dadurch die schädliche Einwirkung der Chromverbindungen auf die Gesundheit der Arbeiter verhütet wird.

Falls es sich um das sogen. Einbadverfahren handelt, ist mit den beschriebenen Operationen der Gerbprocess beendigt. Beim Zweibadverfahren, bei welchem die chromsauren Salze oder die

Chromsäure selbst zur Anwendung kommen, folgt auf die Behandlung in der Chrombrühe, die w. o. beschrieben ausgeführt wird, die Reduktion der in das Innere der Haut eingedrungenen Chromsäure zu Chromoxyd. Sie lässt sich am einfachsten in der Weise ausführen, dass man die mit Chromsäure vollständig vollgesogenen Häute direkt in ein zweites Bad bringt, welches irgend eine reducirende Substanz enthält. Als Vorschrift gilt, dass die Haut ganz gleichmässig gelb im Schnitt aussehen muss, ehe man mit der Reduktion beginnt. Auch hier empfiehlt es sich, die Häute mit Hülfe des Walkfasses in der Flüssigkeit lebhaft zu bewegen. Von grosser Bedeutung für die Qualität und Haltbarkeit des darzustellenden Leders ist es, dass die Chromsäure bis auf den letzten Rest zu Chromoxyd reducirt wird, da das Leder durch etwa in ihm zurückgebliebene Chromsäure beim Lagern angegriffen und schliesslich zerstört würde. Trotz aller Vorsicht gelingt es nicht immer, jede Spur Chromsäure umzuwandeln, sodass manche Chromleder beim Gebrauch allmählich spröde und brüchig werden. Eine ähnliche nachtheilige Wirkung übt jede andere starke Säure auf das Leder aus; da nun aber in dem Reduktionsbad stets solche Säuren angewendet werden müssen, ist genau darauf zu achten, dass diese nicht im Ueberschuss der Flüssigkeit zugesetzt werden. Eine weitere Schwierigkeit bei dieser Operation liegt darin, dass die Chromsäure in Folge ihrer Löslichkeit in Wasser und da sie an sich nicht fest an der Hautblösse haftet, beim Einbringen der imprägnirten Häute in das Reduktionsbad zum Theil aus der Oberfläche der Haut wieder ausgewaschen wird, bevor die Reduktion erfolgt ist, sodass an diesen Stellen eine unvollständige Gerbung zu Stande kommt. Zur Vermeidung dieses Uebelstandes werden bei den neuesten Verfahren in Amerika[1]) die Häute nach der Behandlung mit Chromsäure für einen Moment in eine schwache Hyposulfitküpe gebracht; durch diese Vorreduktion wird offenbar an den äusseren Theilen der Haut sofort etwas Chromoxyd niedergeschlagen, welches für das Eindringen der Bisulfitbrühe in die tiefer gelegenen Hautpartien bei der späteren Hauptreduktion kein merkliches Hinderniss bildet, jedoch das Auswaschen der Chromsäure verhindert.

---

[1]) Schuh und Leder 1897, No. 45.

Sind die Häute fertig gegerbt, so folgt eine noch ausserordentlich wichtige Operation, die Zurichtung. Von der Art und Weise, in welcher die Häute gefärbt, geschmiert und getrocknet, dann appretirt und mechanisch bearbeitet werden, hängt ein grosser Theil des Erfolges der Chromgerbung ab.

Sobald die Chromleder gar sind, was man ebenso wie bei lohgarem Leder am Schnitt erkennt, der gleichmässig gefärbt sein muss, sowie daran, dass sie bei mittlerem Druck trocken erscheinen, werden sie mit warmem, schwach alkalischem Wasser, z. B. Boraxlösung abgespült, worauf das überschüssige Wasser durch Ausstreichen entfernt wird. Die Leder werden dann, falls dies nicht gleich aus dem Kalk geschehen ist, auf die richtige Stärke gearbeitet, auf der Tafel gereckt und in der üblichen Weise geschwärzt oder anderweitig gefärbt. Das Fetten geschieht mit ganz reinem Moëllon, am besten in einem heizbaren Fettwalkfass; hierbei ist ein Zuviel zu vermeiden, da dadurch das Leder lappig und unansehnlich wird. Farbige Leder werden mit Fett unter Zusatz von Soda geschmiert: auch Klauenfett ist sehr geeignet. Die Leder werden nach dem Fetten sorgfältig plattgestossen und dann zum Trocknen aufgehängt; während des Trocknens müssen sie noch wiederholt gestollt und gereckt werden, da das Leder nur auf diese Weise seine Geschmeidigkeit und Weichheit behält, während es sonst zusammenschrumpft und hart wird. Die Fleichseite wird schliesslich noch mit dem Bimstein abgeschliffen, die Narbenseite mit Leinöl abgerieben und durch Plätten mit einem heissen Eisen geglättet. Durch Auftragen eines Glanzes kann man dem Leder endlich verschiedene Appretur geben; für farbige Leder empfiehlt sich Stossglanz.

Das Schmieren der chromgaren Häute geschieht auch häufig in der sogenannten „fat liquor", für deren Herstellung Procter folgendes Recept giebt[1]): 1 Pfd. kastilianische Seife, $^1/_2$ Pfd. Klauenpfotenöl oder Olivenöl werden in 25 l heissem Wasser gut aufgelöst und durchgeschlagen; nach dem Einfetten der Häute (oder auch vorher) wird mit einer Säurefarbe oder mit Alizarinfarbe gefärbt. Zum Geschmeidigmachen des Chromleders eignet sich auch das Glycerin.

---

[1]) cfr. Schuh und Leder 1898, No. 7.

B. Specieller Theil.

Gerbmaterialien.

Wie schon im allgemeinen Theil angegeben, finden in der Chromgerberei sowohl die Verbindungen des Chromoxyds, als auch die der Chromsäure Anwendung. Das schwefelsaure und salzsaure Chromoxyd werden nur in Form von Lösungen verwendet, wie sie beim Behandeln von Chromoxydhydrat mit Schwefelsäure bezw. Salzsäure entstehen; dieselben Verbindungen bilden sich bei der Reduktion der Chromsäure in schwefelsaurer bezw. salzsaurer Lösung. Ausserdem ist noch der Chromalaun zu erwähnen, ein Doppelsalz von schwefelsaurem Kali mit schwefelsaurem Chromoxyd; er krystallisirt wie alle Alaune in gut ausgebildeten Oktaedern, die tief purpurroth gefärbt sind und sich in Wasser leicht lösen. Die Chromsäure und ihre Salze bilden ebenfalls intensiv gefärbte, in Wasser leicht lösliche Krystalle von gelber bis rother Farbe. Die wichtigste Verbindung der Chromsäure ist das bekannte saure chromsaure Kali oder Kaliumbichromat $K_2Cr_2O_7$, das in gelbrothen Prismen krystallisirt; von anderen gebräuchlichen chromsauren Salzen sind zu nennen: die chromsaure Thonerde, chromsaure Magnesia, das chromsaure Natron.

Ausser diesen in erster Linie und in den meisten Fällen angewendeten Chromverbindungen sind auch noch einzelne andere zum Gerben von Häuten vorgeschlagen worden; ihre Darstellung und ihre Zusammensetzung ergiebt sich aus den nachstehenden Patentschriften.

1. Ludwig Starck in Mainz.

Verfahren zur Herstellung eines faserigen Gerbmaterials durch Tränken von Moostorf mit zweckentsprechenden Salzlösungen.

Deutsches Reichs-Patent No. 28881 vom 1. November 1883.

Zum Zweck der Mineralgerbung tränke ich Moostorf mit den Lösungen von mineralischen Gerbesubstanzen. Ich vermenge zu diesem Zweck eine Lösung von Alaun und Kochsalz in den bei der Weissgerbung üblichen Mischungsverhältnissen mit dem Moostorf, bis eine dickbreiige Masse entstanden ist, mit der ich dann die zu gerbenden Häute ähnlich so wie mit gewöhnlicher Eichenlohe in Gruben versetze.

In gleicher Weise können alle anderen zum Gerben benutzten Gerbemineralien dem Moostorf incorporirt werden, um das bei der Gerbeprocedur so wichtige Versetzen anwenden zu können, statt die Häute in blosse Brühen legen zu müssen.

Patent-Anspruch:

Die Herstellung eines fasrigen Gerbematerials durch Tränken von Moostorf mit zweckentsprechenden Salzlösungen, z. B. Alaun, Kochsalz, Chlorbarium, Kaliumbichromat.

2. Achille Bedu in Paris.

Verfahren zur Herstellung neuer Gerbstoffe.

Englisches Patent No. 16647 vom 18. December 1886.

Es ist bekannt, dass die Trioxybenzolsulfosäuren in mancher Hinsicht sich analog den Trioxybenzolcarbonsäuren, zu denen auch die Gerbsäure gehört, verhalten. Auf Grund dieser Thatsache werden bei dem vorliegenden Verfahren an Stelle des Tannins Trioxybenzolsulfosäuren zum Gerben verwendet. Das Verfahren zeichnet sich durch Billigkeit aus und besitzt ausserdem den Vorzug, dass dabei stark antiseptisch wirkende Stoffe Anwendung finden. Man erhält die gerbenden Verbindungen in der Weise, dass man Phenolsulfosäuren (sulfurirte Karbolsäure) mit Oxydationsmitteln behandelt. Die Oxydation lässt sich mit Hülfe von

Braunstein oder mit Wasserstoffsuperoxyd ausführen; noch vortheilhafter ist es, Baryumsuperoxyd in Phenolsulfosäure zu lösen und diese Flüssigkeit mit Schwefelsäure zu behandeln; der ausgeschiedene schwefelsaure Baryt wird abfiltrirt. Es entstehen dabei vermuthlich höher hydroxylirte Phenolsulfosäuren, etwa Trioxybenzolsulfosäuren, welche direkt oder in Form ihrer Salze in 4 % iger Lösung zum Gerben dienen können. Um die Phenolsulfosäuren direkt in gerbende Salze überzuführen, kann man diese auch mit

7 % Permanganat,
8 % Bichromat,
15 % Alaun und
10 % zinnsaurem Natron oder Kali oxydiren.

Hierbei entstehen wahrscheinlich alaunartige Doppelsalze der Trioxybenzolsulfosäuren. Derartige Mischungen werden in etwa 5 % iger Lösung angewendet, in welcher die Häute 4—8 Tage behandelt werden. Am raschesten lässt sich die Gerbung ausführen, wenn man eine Behandlung mit vegetabilischen Gerbstoffen folgen lässt.

3. Martin Dennis in Newark, N. J.

Gerbbrühe.

Amerikanisches Patent No. 511 411 vom 26. December 1893 (angemeldet 10. April 1893).

Gegenstand dieses Patentes ist die Herstellung der Gerbbrühe, deren Anwendung der Erfinder in der Patentschrift No. 495 028 (s. S. 35) beschrieben und sich dort hat schützen lassen. Wie auch in jener Patentschrift angegeben, geschieht die Herstellung der erforderlichen Chromverbindung in der Weise, dass man Chromoxydhydrat in Salzsäure löst und diese Lösung so lange mit koncentrirter Sodalösung versetzt, bis eben ein bleibender Niederschlag von Chromoxydhydrat entsteht. Man setzt dann noch etwas Kochsalz hinzu, worauf die Gerbflüssigkeit bezw. der Extrakt fertig ist; er wird vor dem Gebrauch mit der erforderlichen Menge Wasser verdünnt. Der Extrakt wird unter dem Namen „Tanolin" von der Martin Dennis Chrome Tannage Company in Newark in den Handel gebracht (cfr. S. 11).

Chronologische Zusammenstellung nebst kurzer Charakteristik der patentirten Chromgerbverfahren.

a) Reine Mineralgerbverfahren unter Anwendung von Chromsalzen.

Patentnummern	Wesentliche Kennzeichen
1. E. P.*) 2716/1861	Fettsaures Chromoxyd.
2. D. P.*) 5298/1878	Alaun, Zink, chromsaure Salze, Ferrocyankalium, Chlorbarium.
3. D. P. 10665/1879	Chromoxydsalze, Chloraluminium.
4. D. P. 14769/1880	Chromsaure Salze und Chromoxydsalze.
5. A. P.*) 243923/1881	Kupfervitriol, Bichromat, Alaun, Zinnsalz, Salpeter.
6. A. P. 291784/1884	I. Bichromat — II. Hyposulfit**).
7. A. P. 291785/1884	I. Bichromat — II. Hyposulfit.
8. E. P. 5491/1886	Stark basische Thonerde-, Eisen- oder Chromoxydsalze.
9. A. P. 472701/1892	I. Bichromat — II. Kupferchlorür.
10. A. P. 495028/1893	Basische Chromoxydsalze.
11. D. P. 75351/1893	Chromoxydsalze mit Sulfitlauge.
12. A. P. 498067/1893	Bichromat, Schwefelalkalien und Säure.
13. A. P. 498077/1893	I. Bichromat — II. Schwefelalkalien.
14. A. P. 498214/1893	I. Bichromat — II. Schwefelwasserstoff.
15. A. P. 504012/1893	Chromalaun, Zinkvitriol, Chlornatrium und Schwefelalkalien.
16. A. P. 504013/1893	I. Bichromat — II. arsenigsaure Salze.
17. A. P. 504014/1893	Chromalaun, Zinkvitriol, schwefelsaures Mangan, Kochsalz und Schwefelalkalien.
18. A. P. 511007/1893	Chromsäure, Chromalaun und Schwefelalkalien.
19. E. P. 24463/1893	desgl.
20. A. P. 518467/1894	I. Bichromat — II. schweflige Säure, Schwefelwasserstoff, Weinsäure, Oxalsäure etc., Eisen- oder Kupferoxydulsalze, Wasserstoff, Thonerdesulfat.
21. A. P. 528162/1894	Chromsaures Chromoxyd mit schwefelsaurem Chromoxyd, chromsaures Aluminium, thiosulfosaures Chromoxyd, schwefligsaures Chromoxyd, Chromoxydulsalze, thiocyansaures Chromoxyd, thioschwefelsaures Eisen,— Aluminium,— Zink,— Mangan, Eisen,— Zink,— Mangan,— Natriumhydrosulfit.
22. E. P. 12849/1893	desgl.

*) D. P. = Deutsches Reichspatent.
E. P. = Englisches Patent.
A. P. = Amerikanisches Patent.

**) Die Zahlen I—II bedeuten, dass es sich um ein Zweibadverfahren handelt.

23. E. P. 9713/1895	I. Alaun-Kochsalzlösung, Chromsäure — II. Schwefelwasserstoffwasser.
24. A. P. 542971/1895	I. Chromsäure — II. aromat. Amin.
25. A. P. 556325/1896	I. Bichromat — II. Wasserstoffsuperoxyd.
26. A. P. 561044/1896	I. Chromsäure — II. Eisenvitriol mit Essigsäure.
27. A. P. 564086/1896	I. Bichromat, Klauenfett — II. Hyposulfit, Klauenfett.
28. E. P. 22714/1895	desgl.
29. D. P. 91822/1896	I. Bichromat — II. Milchsäure.
30. A. P. 573362/1896	I. Bichromat — II. Hydroxylamine.
31. A. P. 573631/1896	Chromchlorid, Chromsulfat, Chlornatrium, schwefelsaures Natron, Ameisensäure und Essigsäure.
32. E. P. 14293/1896	desgl.
33. A. P. 574014/1896	Chromalaun, Salpeter, Bleiweiss und Salzsäure.
34. D. P. 94291/1897	I. Bichromat — II. milchsaure Salze.
35. A. P. 588874/1897	I. Bichromat — II. hydroschweflige Säure.

b) Kombinationen der Chromgerbung.

Patentnummern	Wesentliche Kennzeichen
36. D. P. 11031/1880	Chromsaure Thonerde, Holzessig, Weinstein, Tannin in Holzessig.
37. D. P. 13122/1880	desgl.
38. E. P. 12435/1884	Alaun, Zinkvitriol, Eisenvitriol, Chromalaun, Harz, Talg, Zucker, Leim.
39. D. P. 40378/1886	I. Chromalaun, Chromsäure, Chloride — II. Pyrofuscin.
40. A. P. 381734/1888	I. Alaun, Kochsalz, Weizenmehl, Eidotter, II. Soda — III. Chromsulfat.
41. A. P. 385222/1888	I. Bichromat — II. Hyposulfit — III. Klauenfettseife Extrakt.
42. A. P. 401715/1888	Vegetabil. Extrakt, Alaun, Kupfervitriol, Schwefelsäure, Bichromat.
43. E. P. 8369/1888	I. Kochsalz, Alaun, Bichromat, Essigsäure, II. Nahrung aus Kleie und Malz.
44. A. P. 409336/1889	Lohgares Leder wird mit basischen Chromoxydsalzen behandelt.
45. D. P. 86565/1894	I. Alaun-Chromgerbung — II. Tannin.
46. E. P. 23742/1896	Aloë, Canella, Bichromat und Schwefelsäure.
47. E. P. 9820/1897	I. Alaun — II. basische Chromoxydsalze.

a) Reine Mineralgerbverfahren unter Anwendung von Chromsalzen.

1. Dr. Friedrich Knapp in München.

Bearbeiten von Häuten und Fellen.

Englisches Patent No. 2716 vom 29. Oktober 1861.

Nach dem Verfahren lassen sich sowohl schwerere als auch leichte Häute und Felle verarbeiten. Die schweren Häute, wie z. B. die Ochsen-, Kuh- und Pferdehäute, werden auf Sohlleder, Treibriemen, Geschirre u. dgl. verarbeitet, während aus den leichteren, den Lamm-, Kid- und Kalbfellen, Handschuhe und Oberleder hergestellt werden. Das Verfahren besteht im wesentlichen darin, dass in die Häute die fettsauren Salze der Metalloxyde bezw. Mischungen von Fettsäuren mit Metalloxyden, also unlösliche Metallseifen eingewalkt werden. Statt diese Verbindungen der Haut direkt in einer Operation einzuverleiben, kann man auch so verfahren, dass man die Haut zunächst mit Fetten und Oelen oder mit löslichen Alkaliseifen bearbeitet und dann eine Behandlung mit löslichen Schwermetallsalzen folgen lässt. Als solche kommen namentlich zur Anwendung die salzsauren und schwefelsauren Salze des Eisens, Chroms und Mangans. In diesem Falle findet die Bildung der unlöslichen fettsauren Metallsalze in Folge doppelter Umsetzung in den Poren der Haut selbst statt. Neben den fettsauren Metalloxyden können auch die Silikate der Schwermetalle und die fettsauren und kieselsauren Salze der alkalischen Erden zur Anwendung kommen; auch kier können diese entweder direkt in fertigem Zustande der Haut einverleibt werden oder in der Weise, dass man erst ein lösliches Silikat und dann die löslichen Salze der alkalischen Erden und Metalle zur Anwendung bringt. Es werden auf diese Weise sowohl fettsaure als kieselsaure unlösliche Salze in der Haut fixirt, so dass dadurch eine kombinirte Gerbung zu Stande kommt.

Knapp hat mit seinem Verfahren zwar ein Leder herstellen können, welches im Aussehen demjenigen des lohgaren ähnelte, im allgemeinen jedoch keine besonders hervorragenden Eigenschaften aufwies. Vor allem eignete es sich nicht für Sohlleder, dessen Herstellung vor allem von Knapp angestrebt wurde; offenbar sollte durch den Zusatz der Silikate eine besondere Härte erzielt werden.

Die Wirkung des Verfahrens besteht darin, dass die Chrom- und Eisensalze die Eiweisssubstanz der Haut zum Gerinnen bringen, wodurch es möglich wird, diese mineralischen Stoffe in geeigneten Formen mit dem Eiweiss der Haut zu unlöslichen Verbindungen zu vereinigen und in den Poren niederzuschlagen.

2. *Dr. Christian Heinzerling in Biedenkopf.*

Verfahren der Schnellgerberei bei Anwendung von Alaun und Zink, chromsauren Salzen, Ferrocyankalium, Chlorbarium und anderen Ingredienzien.

Deutsches Reichspatent No. 5298, Kl. 28 vom 3. Nvbr. 1878.

Die rohen Häute werden nach den seitherigen wohlbekannten Verfahren enthaart und geschwellt. Hierauf bringt man dieselben in eine Lösung von saurem chromsaurem Kali oder saurem chromsaurem Natron, oder saurer chromsaurer Magnesia und Alaun oder schwefelsaurer Thonerde und Chlornatrium und lässt sie darin je nach der Art der Häute kürzere oder längere Zeit liegen.

Anstatt die Blössen direkt in diese Lösung zu bringen, kann man sie auch zuerst in eine fünf- bis zehnprocentige Alaunlösung legen, welcher man Zinkstaub oder geschnittenes Zinkblech zusetzt. Durch Einwirkung des Zinks auf den Alaun wird amorphe Thonerde abgeschieden, welche sich auf die Faser niederschlägt.

Nachdem man die Häute je nach ihrer Beschaffenheit längere oder kürzere Zeit der Alaun-Zinklösung ausgesetzt hat, bringt man sie in die eingangs erwähnte Lösung von saurem chromsaurem Kali oder Natron etc., deren Koncentrationsgrad sich nach der Natur der zu gerbenden Häute richtet.

Nachdem die Häute einige Tage in der Lösung von Chromsalzen, Alaun u. s. w. gelegen haben, setzt man zu dieser Lösung einige Procente Ferrocyankalium oder Ferridcyankalinm; doch kann man diese Stoffe auch bei Beginn der Operation zusetzen.

Bei manchen Lederarten fällt die Behandlung mit Ferro- oder Ferridcyankalium weg. Zweckmässig ist diese Behandlung besonders bei Oberleder, welches schwarz gemacht werden soll.

Um die Gerbstoffe auf den in oben beschriebener Weise behandelten Häuten zu fixiren, werden letztere zweckmässig in einer Lösung entweder von Chlorbarium oder essigsaurem Bleioxyd oder von Seife kurze Zeit eingeweicht. Trocknen kann man die Häute in gewöhnlicher Weise.

Die geglätteten noch feuchten Häute können wie lohgares Leder gefettet oder geschmiert werden. Zu diesem Zwecke kann man das Fett einwalken, oder man taucht die Häute einige Zeit in Stearin, Paraffin, Chrysen, Naphta oder ähnliche Stoffe, welche vorher in Benzin, Photogen oder ähnlichen Stoffen gelöst wurden. Diesen Stoffen setzt man passend etwas Karbolsäure oder Thymol zu und fettet dann, wenn nöthig, wie gewöhnlich.

Das neue Leder soll vollständig wasserfest, bedeutend geschmeidiger, dauerhafter und wasserdichter als lohgares Leder sein. Die Herstellungskosten sollen wesentlich geringer sein wie bei dem Lohgerb-Verfahren.

Patent-Ansprüche:

1. Die Behandlung der rohen Häute mit Alaun und Zink, welch letzteres den Alaun in amorphe Thonerde zersetzt, die sich alsdann auf die Faser der Haut niederschlägt.
2. Die Verwendung von Ferrocyankalium oder Ferridcyankalium als Zusatz beim Gerben und Fertigstellen der Häute.
3. Die Verwendung von Chlorbarium, essigsaurem Bleioxyd und Seifenauflösung zum Fixiren der oben erwähnten Stoffe auf der Faser der Haut.
4. Die Verwendung der oben erwähnten sauren und neutralen Chromsalze in Verbindung mit Alaun und Chlornatrium und die Behandlung der hiermit gegerbten Häute mit einer Lösung von Paraffin und anderen Kohlenwasserstoffen oder von Stearin und anderen Fetten, in Benzin, Photogen, Petroleumäther und anderen Stoffen gelöst.
5. Das Verfahren zum Gerben von Leder in seiner ganzen oben beschriebenen Zusammensetzung.
6. Das nach dem beschriebenen Verfahren hergestellte Leder.

3. Dr. Christian Heinzerling in Frankfurt a. M.

Neuerungen bei dem Heinzerling'schen Schnellgerbereiverfahren, bestehend in der Anwendung von Chromsulfat oder Chromchlorid, Chloraluminium und zum Schmieren des Leders von Wachs, Kolophonium, Walrath oder mit Chlorschwefel behandelten Fetten.

Deutsches Reichspatent No. 10665, Kl. 28 v. 24. Dcbr. 1879, Zusatz zum Patent No. 5298.

An Stelle der im Eingang des Hauptpatentes für die erste Gerblösung genannten Chromsalze kann man auch mit Vortheil schwefelsaures Chromoxyd oder Chromchlorid für sich oder mit einem der erwähnten Chromsalze gemischt anwenden.

An Stelle des Alauns und der schwefelsauren Thonerde lässt sich auch eine Lösung von Chloraluminium mit Vortheil anwenden.

Endlich haben Versuche ergeben, dass man zum Schmieren der Häute auch Lösungen von Wachs, Kolophonium oder Walrath verwenden kann, desgleichen eine durch Behandlung von flüssigen Fetten (Leinöl, Rüböl oder dergl.) mit 10 bis 20 % Chlorschwefel gewonnene kautschukähnliche Masse.

Patent-Ansprüche:

1. Die Anwendung von schwefelsaurem Chromoxyd oder von Chromchlorid an Stelle der in dem Hauptpatent genannten Chromsalze.
2. Die Anwendung von Chloraluminium an Stelle des Alauns oder der schwefelsauren Thonerde.
3. Die Anwendung einer Lösung von Wachs, Kolophonium, Walrath oder die erwähnte kautschukartige Masse zum Schmieren der mittelst der oben und im Hauptpatente genannten Mineralsalze gegerbten Häute.

Aus den Angaben der vorstehenden Patente geht hervor, dass man zur Zeit der Anmeldung dieser Verfahren noch nicht erkannt hatte, dass es sich bei der Chromgerbung lediglich um die Abscheidung von Chromoxydhydrat in den Poren der Haut handelt. Die Gerbung kommt auch hier im wesentlichen dadurch zu Stande, dass eine unlösliche Seife, wie bei dem Verfahren von Knapp (s. o.), oder ein anderes unlösliches Chromsalz auf der Hautfaser niedergeschlagen wird. Bemerkenswerth ist, dass Heinzerling bei Anwendung von sauren chromsauren Salzen jede Reduktion zu Chromoxydverbindungen unterlässt. Eine solche wird sich daher im Laufe der Zeit beim Lagern oder Tragen des Leders auf Kosten der organischen Hautsubstanz selbst und auf Kosten der angewendeten Schmiermittel und Fette vollziehen (vgl. auch das folgende Patent No. 14769), in Folge dessen aber auch die Qualität des Leders erheblich leiden. Dazu kommt noch, dass bei derartigen chemischen Umsetzungen in der Regel auch Säuren frei werden, wodurch ebenfalls schädliche Wirkungen zu Stande kommen. Wegen ihrer grundlegenden Bedeutung verdienen jedoch diese Patente auch heute noch ein ganz besonderes Interesse.

In Amerika ist das Verfahren unter No. 231797 vom 31. August 1880 geschützt worden.

4. *Dr. Christian Heinzerling in Frankfurt a. M.*

Verfahren der Schnellgerberei bei Anwendung von chromsauren Salzen und Chromoxydsalzen in Verbindung mit anderen mineralischen Substanzen und aufgelösten Fetten, sowie Kohlenwasserstoffen.

Deutsches Reichs-Patent No. 14769 vom 9. November 1880.
2. Zusatz zum Patente No. 5298.

Bei Ausführung des im Haupt-Patent beschriebenen Verfahrens der Schnellgerberei hat sich folgendes als zweckmässig herausgestellt.

Die enthaarten und geschwellten Häute werden in eine viertelprocentige Lösung von Chromsäure oder in eine halbprocentige Lösung von saurem, chromsaurem Kali, Natron oder Magnesia oder anderen sauren oder neutralen chromsauren Salzen oder in eine halbprocentige Lösung von Chromoxydsalzen, wie z. B. schwefelsaurem Chromoxyd, gebracht.

Dieser Lösung setzt man vortheilhaft 1 pCt. Alaun oder schwefelsaure Thonerde oder andere Aluminiumsalze, sowie 3 bis 4 pCt. Chlornatrium (Kochsalz) hinzu und lässt die Häute darin, je nach ihrer Stärke, kürzere oder längere Zeit, so Kalbfelle vier bis sechs Tage und schwere Rindshäute bis zu vierzehn Tagen, liegen.

Während dieser Zeit wird die Lösung allmählich concentrirt, bis sie bis zu $6\frac{1}{2}$ pCt. chromsaurer Salze etc. und bis zu 12 pCt. Alaun, sowie bis zu 10 pCt. Chlornatrium enthält. Diese letzte, concentrirteste Lösung kann zweckmässig zur Beförderung der Aufnahme der Gerbstoffe durch das Leder auf eine Temperatur bis zu 33° C. gebracht und auf dieser bis zur Herausnahme der Häute gehalten werden.

Derselbe Zweck wird auch erreicht, wenn man die Häute nach und nach mehrere Lösungen von immer stärkerem Concentrationsgrade, von welchen die letzte eine Temperatur von 33° C. erhalten kann, passiren lässt.

Der durch die gegerbten Häute entzogene Gerbstoff muss den Gerbebrühen jedesmal ersetzt werden.

Verwendet man Aluminiumsalze, so kann zweckmässig nach längerem Gebrauch der Gerbebrühen ein Theil der Aluminiumsalze durch gefällte (amorphe) Thonerde ersetzt werden.

Statt diese amorphe Thonerde besonders hinzuzusetzen, kann man in der folgenden Weise verfahren: Man versetzt die zur Ausbesserung nöthigen Aluminiumsalze mit kohlensauren Alkalien und fällt so einen Theil der Thonerde aus. Diese Mischung dient dann an Stelle der reinen Aluminiumsalze zur Ausbesserung.

Es kann der Gerbeprocess auch ohne die Aluminiumverbindungen und auch ohne das Kochsalz durchgeführt werden. Man wendet aber doch vortheilhaft die Aluminiumverbindungen und das Kochsalz an, weil diese Stoffe ebenfalls gerbende Eigenschaften haben, mithin den mit den Chromverbindungen durchgeführten Gerbeprocess befördern, gleichzeitig aber wegen ihres verhältnissmässig niedrigen Preises das Verfahren billiger machen.

Will man Leder herstellen, welches nach dem Gerben geschwärzt werden soll, so setzt man der Lösung 2 bis 3 % Ferrocyankalium oder Ferridcyankalium hinzu, welche Stoffe mit der später aufzutragenden Eisenschwärze eine tief dunkelblaue Verbindung eingehen.

Durch zwei- bis vierstündiges Einlegen der so gegerbten Häute in eine vier- bis achtprocentige Auflösung von Chlorbaryum, Bleioxyd oder Seife wird eine partielle Fixirung der Gerbstoffe bewirkt, indem letztere mit den erstgenannten Stoffen unlösliche Salze oder Seifen bilden.

Um die Fixirung zu verstärken, kann man die Häute (Sohlleder und Oberleder) vorher, sowie sie aus den Gerbbrühen kommen, 12 bis 18 Minuten in eine fünf- bis siebenprocentige Lösung von kohlensaurem Natron eintauchen und darauf in die vorerwähnte Chlorbaryum- oder Seifenlösung bringen.

Hierauf werden die Häute oberflächlich getrocknet und ausgereckt und dann, während sie sich noch etwas feucht anfühlen, in Lösungen von Stearin, Paraffin, Wachs, Harz, Kolophon, Walrath oder anderen Kohlenwasserstoffen oder Fetten, welche in Benzin oder ähnlichen Mitteln gelöst sind, gelegt, und in diesen bis zu 36° C. erwärmten Lösungen bis zu 36 Stunden liegen gelassen.

An Stelle des Stearins und der anderen oben erwähnten Stoffe kann man auch jene kautschukähnliche Masse anwenden, welche bei der Behandlung von Oelen (Leinöl, Rüböl etc.) mit 10 bis 15% Chlorschwefel erhalten wird.

Ist Chromsäure angewendet worden, so hat die nachherige Behandlung der gegerbten Häute mit gelöstem oder geschmolzenem Paraffin, Stearin etc. die Wirkung, dass diese letzteren auf die Faser niedergeschlagenen Stoffe von der Säure oxydirt werden. Hierbei wird die Chromsäure zu Chromoxyd reducirt, das Paraffin etc. dagegen zu säureartigen Verbindungen oxydirt, welche letztere mit dem Chromoxyd eine in Wasser nicht lösliche Verbindung eingehen, die dauernd auf der Faser haften bleibt.

Bei Anwendung von chromsauren Salzen wird schon während des Gerbens Chromsäure gebildet, welche mit den erwähnten Kohlenwasserstoffen oder Fetten die oben beschriebene unlösliche Verbindung eingeht.

Nachdem die Häute aus der Lösung herausgenommen sind, werden sie entweder, wie bei Oberleder, in bekannter Weise geschmiert, gewalkt und zugerichtet oder, wie bei Sohlleder, getrocknet und dann gehämmert oder gewalzt.

Der eingangs erwähnten Lösung von Chromaten kann man auch Metallsalze, z. B. schwefelsaures Kupfer zusetzen, theils wegen der gerbenden Wirkung dieser Salze, theils wegen ihrer Eigenschaft, gewisse Farbennüancen auf dem Leder zu erzielen.

Die seither verwendeten, vegetabilischen Gerbstoffe können

zur Nachgerbung und der Färbung halber zur Mitanwendung kommen.

Patent-Ansprüche:

1. Die theilweise Verwendung von gefällter, amorpher Thonerde, oder aus Aluminiumsalzen mit kohlensauren Alkalien gefällten, basischen Thonerdesalzen an Stelle des Alauns und der schwefelsauren Thonerde.
2. a) Die Verwendung von chromsauren Salzen ohne Aluminiumsalze und Kochsalz.
   b) Die Verwendung chromsaurer Salze, sowie Chromoxydsalze in Verbindung mit Aluminiumsalzen ohne Kochsalz.
   c) Die Verwendung chromsaurer Salze und Chromoxydsalze in Verbindung mit Kochsalz ohne Aluminiumsalze.
   d) Die Verwendung von chromsauren Salzen unter Zusatz von Metallsalzen, wie z. B. Kupferoxydsalzen oder ähnlich wirkenden Salzen.
   e) Die Verwendung vegetabilischer Stoffe zum Nachgerben der mit chromsauren Salzen, sowie Chromoxydsalzen gegerbten Häute.
3. Die Behandlung der auf obige Weise gegerbten Häute mit den im Haupt-Patent, sowie im Zusatz-Patent erwähnten, gelösten und geschmolzenen Fetten und Kohlenwasserstoffen.

Das Verfahren unterscheidet sich von demjenigen des Hauptpatentes und des ersten Zusatzes dadurch, dass nach und nach immer stärkere Brühen unter gleichzeitiger Steigerung der Temperatur zur Anwendung kommen. Neu ist ferner die Combination des Chromgerbverfahrens mit vegetabilischer Gerbung, wodurch eine besonders intensive Gerbung erzielt werden kann, da die mit Chromsalzen vorgegerbten Leder sehr rasch und sehr viel vegetabilischen Gerbstoff aufnehmen. Im übrigen leidet auch dieses Verfahren, ebenso wie die früheren, daran, dass es sehr umständlich ist.

5. *Robert Koenitzer in St. Louis, Mo.*

Gerbverfahren.

Amerikanisches Patent No. 243923 vom 5. Juli 1881 (angemeldet am 16. März 1881).

Nach dem Verfahren wird ein Leder erhalten, das sich durch besondere Festigkeit, Dichte, Dauerhaftigkeit und Elasticität auszeichnet, gleichzeitig wird dadurch die Dauer des Gerbprocesses wesentlich abgekürzt und an Raum und Arbeit gespart. Man verfährt wie folgt: Für 100 kg in der üblichen Weise vorbereitete Häute stellt man zunächst aus

10 kg Kupfervitriol,
$^1/_2$ kg Bichromat,
$2^1/_2$ kg Alaun und
20 l heissem Wasser

eine Lösung her und verdünnt diese mit 280 l Wasser. In dieser Brühe werden nun die Häute etwa 8 Stunden lang behandelt, worauf man sie herausnimmt und

3 kg Salz,
250 g Zinnsalz und
5 l Wasser

zufügt. Man legt die Häute nun aufs neue ein und lässt sie unter wiederholtem Umrühren 20 Stunden darin verweilen. Sie werden dann wieder herausgenommen und aufs neue

8 kg Kupfervitriol,
$^1/_2$ kg Bichromat,
$2^1/_2$ kg Alaun und
50 g Salpeter in 150 l Wasser

der Gerbbrühe zugesetzt. In dieser Lösung werden die Häute nochmals etwa 40 Stunden unter wiederholtem Hin- und Herbewegen behandelt und dann mit reinem Wasser abgespült und zum Trocknen aufgehängt. Nach dem Trocknen kommen sie in eine Auflösung von

100 g Bleizucker in verdünntem Essig und
5 l Glycerin,

wo sie noch einige Zeit bei gelinder Wärme durchgearbeitet werden, bis man sie in der üblichen Weise zurichtet.

Es handelt sich bei dem vorstehenden Verfahren um die gemeinsame Anwendung mehrerer verschiedener Metallsalze bei allmählicher Verstärkung der Gerbbrühe. Bemerkenswerth ist die Anwendung von Bleiessig am Ende des Verfahrens. Offenbar soll dadurch eine Fixirung von unverändertem Bichromat bewirkt werden, ähnlich wie bei Heinzerling.

6. *Augustus Schultz in New York.*

Mineralgerbverfahren für Häute und Felle.

Amerikanisches Patent No. 291 784 vom 8. Januar 1884 (angemeldet am 31. Mai 1883).

Nach diesem Verfahren werden die Häute in einem ersten Bade der Einwirkung von Metallsalzen, vorzugsweise Bichromat, evtl. bei Gegenwart von Salzsäure unterworfen und dann in einem zweiten Bade mit schwefliger Säure behandelt; die letztere entwickelt man in der Regel aus Hyposulfit, $Na_2S_2O_3$, durch Zusatz einer Mineralsäure. Die Vorbereitung der Felle und Häute ist die nämliche wie bei der Lohgerbung. Bei der Behandlung mit Bichromat im ersten Bade ist ein Zusatz von Mineralsäure überflüssig, falls es sich um die Verarbeitung gesalzener Häute handelt, da durch diese selbst die erforderlichen Salze in die Lösung gebracht werden; andernfalls ist ein Zusatz von Säure, vorzugsweise in Form von Salzsäure, angezeigt. Je nach der Dicke der Häute und je nach der Concentration der Lösung müssen die Häute kürzere oder längere Zeit in der Lösuug verweilen, bis sie auch an den dicksten Stellen gleichmässig von Bichromat durchdrungen sind. Ist dies der Fall, so nimmt man die Häute heraus, lässt sie abtropfen und bringt sie in das zweite Bad, eine wässerige mit Säure versetzte Auflösung von Hyposulfit. Man vermehrt die Säure nur sehr allmählich und fährt mit dem Zusatze fort, bis die Farbe der Häute von weiss über bläulich in grünlich umgewandelt ist. Bei Kalb- und Rindshäuten empfiehlt es sich, nach dem zweiten Bad nochmals in das erste Bad einzugehen; die Häute bekommen dadurch eine bräunliche Farbe, was besonders für ein nachheriges Schwärzen von Vortheil ist. Die Zurichtung, das Färben und Schmieren geschieht in der üblichen Weise.

Man kann die vorstehend angegebene Reihenfolge der Bäder auch umkehren und zuerst die Hyposulfit- und dann die Bichromatlösung anwenden. Durch gelindes Erwärmen der Bäder auf 25—30^0 C. lässt sich die Dauer der Gerbung wesentlich abkürzen.

Die nach diesem Verfahren hergestellten Leder sind fest, zart, elastisch und wasserecht. Im Gegensatz zu lohgaren Häuten werden diese Leder durch Behandlung mit Sodalösung nicht entgerbt. Das Verfahren lässt sich auf alle Sorten Häute und Felle anwenden. Im wesentlichen identisch mit dem vorstehend beschriebenen Verfahren ist dasjenige des amerikanischen Patentes No. 291785 vom 8. Januar 1884 (angemeldet am 18. Juli 1883) von demselben Erfinder.

Die Schultz'schen Patente verdienen ein ganz besonderes Interesse, da in ihnen zum ersten Male die Ausführung der Chromgerbung in zwei getrennten Bädern, das sogen. Zweibadverfahren, in typischer Form beschrieben ist. In dem ersten Bade sättigt sich die Haut mit chromsaurem Salz, welches in dem zweiten Bad zu Chromoxyd reducirt wird. Bei der Reduktion mit unterschwefligsaurem Natron muss man mit dem Zusatz der Säure sehr vorsichtig sein, da in stark saurer Lösung natürlich kein Chromhydroxyd sich abscheiden kann und ein grosser Säureüberschuss überdies die Faser zerstören könnte; es würde sich in diesem Fall je nach der angewendeten Mineralsäure lediglich salzsaures bezw. schwefelsaures oder ein anderes lösliches Chromoxydsalz bilden und nur eine verhältnissmässig schwache Gerbung zu Stande kommen. Eine weitere Schwierigkeit, welche schon früher erwähnt worden ist, liegt darin, dass die Chromsäure und deren Salze sich im Reduktionsbade leicht aus der Haut auswaschen, sodass an den Aussenseiten häufig nur eine unvollkommene Gerbung erzielt wird. Durch die in den Patentschriften vorgeschlagene Umkehrung der Reihenfolge der Bäder kann diesem Uebelstande wohl abgeholfen werden, indessen dürfte es auf diese Weise wohl kaum gelingen, eine vollkommene Reduktion der Chromsäure herbeizuführen.

8. *Nils Alexander Alexanderson und Leonhard Hvass in Stockholm.*

Mineralgerbverfahren für Häute und Felle.

Englisches Patent No. 5491 vom 20. April 1886.

Nach dem Einweichen, Enthaaren und Schwellen kommen die Häute und Felle in eine Auflösung von stark basischen Thonerde-, Chromoxyd- oder Eisenoxydsalzen, bis sie eine genügende Menge von diesen Salzen aufgenommen haben, worauf sie mit sehr viel Wasser ausgewaschen werden. In Folge der Eigenschaft des Wassers einerseits, die basischen Salze zu zerlegen, und in Folge der Affinität der Hautfaser für die Oxyde der genannten Metalle andererseits werden die unlöslichen Oxydhydrate auf und in den Fasern niedergeschlagen, wodurch die Gerbung zu Stande kommt; die wasserlöslichen Salze werden gleichzeitig vollständig entfernt. Die Häute werden dann getrocknet und in der üblichen Weise zugerichtet. Ein wesentliches Moment dieses Verfahrens bildet der Umstand, dass dabei die Anwendung jeder Säure und jeder sauren Lösung vermieden wird, sodass deren zerstörende Wirkung auf die Hautfaser ausgeschlossen ist. Durch mechanische Bearbeitung wie Pressen, Walken und Bewegung lässt sich die Dauer der Gerbung abkürzen.

Die Herstellung der Gerbbrühen geschieht in folgender Weise: Zu der Lösung eines Oxydsalzes wird vorsichtig soviel einer verdünnten Alkalilösung zugesetzt, bis eben ein bleibender unlöslicher Niederschlag von Metalloxydhydrat entsteht. Die so erhaltene Flüssigkeit wird dann in der erforderlichen Weise verdünnt und direkt zur Gerbung benützt. Das Verfahren lässt sich auch in der Weise ausführen, dass man die Abscheidung der Metalloxydhydrate bezw. die Ueberführung der normalen Salze in die basischen auf der Haut selbst vornimmt, indem man die Blössen zunächst mit der neutralen oder auch sauren Salzlösung imprägnirt und dann mit alkalischen Flüssigkeiten behandelt.

Das so erhaltene Leder ist wasserecht und wird beim Lagern nicht spröde oder rissig; es wird von Motten nicht angegriffen.

Das Verfahren erscheint, soweit es sich um die Anwendung von Chromoxydsalzen handelt, im wesentlichen identisch mit dem später zu so grosser Bedeutung gelangten Verfahren von Dennis. Offenbar ist dasselbe nicht weiter verfolgt worden und in Folge dessen bald in Vergessenheit gerathen. Das Einbadverfahren ist in diesem Patent bereits vollständig und in typischer Form zur Durchführung gelangt.

9. *Hermann Endemann in Brooklyn, N. Y., für William Zahn in Newark, N. J.*

Mineralgerbverfahren.

Amerikanisches Patent No. 472 701 vom 12. April 1892 (angemeldet am 10. November 1891).

Die Erfindung bezweckt die Herstellung von Kidleder und besteht in einer Behandlung der Häute in zwei aufeinanderfolgenden Bädern von Bichromat und Kupferchlorür. 100 kg gut vorbereitete Häute werden zunächst in eine mit 2,5 kg Salzsäure versetzte Auflösung von

5 kg Bichromat und
2 kg Kochsalz in
50 l Wasser

eingelegt.

Man lässt sie darin liegen, bis sie vollständig von der Lösung durchtränkt sind, was etwa 4 Stunden dauert; (dünnere Häute brauchen manchmal keine drei Stunden). Nach dem Herausnehmen wird die überschüssige Flüssigkeit durch Aufschlagen und Abpressen entfernt, worauf die Häute in die Kupferlösung gelangen. Diese wird in der Weise hergestellt, dass man für 200 kg Häute

$5^1/_2$ kg Kupfervitriol,
30 - Kochsalz und
6 - Alaun in
25 l Wasser

löst und die Lösung in einem luftdicht geschlossenen Gefäss mit Kupferdrehspähnen zusammenbringt, bis sie farblos geworden ist, zum Zeichen, dass alles Kupferoxydsalz zu Kupferoxydulsalz reducirt ist. Werden die mit Bichromat gesättigten Häute in die so hergestellte Lösung gebracht, so schlägt ihre Farbe sofort von gelb nach grünblau um, indem die Häute gleichzeitig neben Chromoxyd auch Kupfersalze aufnehmen.

An Stelle von Kupfervitriol kann natürlich auch jedes andere Kupferoxydsalz verwendet werden. Aus den für Gerbereizwecke unbrauchbar gewordenen Lösungen lässt sich das Kupfer leicht mit Hülfe von metallischem Eisen ausfällen und auf diese Weise wiedergewinnen.

Im Princip ähnelt das Verfahren demjenigen von Cavalin (s. o.); auch bei jenem erfolgt die Reduktion des chromsauren Salzes bezw. der Chromsäure durch ein Oxydulsalz, durch Eisenvitriol. Das Kupferoxydulsalz ist demgegenüber erheblich theurer, ohne wesentliche Vortheile zu bieten.

10. Martin Dennis in Brooklyn, N. Y.

Ledergerbung.

Amerikanisches Patent No. 495 028 vom 11. April 1893 (angemeldet am 3. Oktober 1892).

Es ist längst bekannt, dass das Chromoxyd die Eigenschaft besitzt, sich mit der Hautgelatine zu einer unlöslichen und nicht fäulnissfähigen Verbindung zu vereinigen, und somit befähigt ist, die Haut in Leder umzuwandeln. Die Schwierigkeit, welche der Anwendung des Chromoxyds als Gerbmittel entgegensteht, liegt in dessen Unlöslichkeit in Wasser, sodass es unmöglich ist, dasselbe mit der zu gerbenden Haut in die erforderliche innige Berührung zu bringen. Bei Anwendung von Chromalaun, einem Salze des Chromoxyds, liegen die Verhältnisse insofern ungünstig, als in diesem das Chromoxyd sehr fest gebunden ist; in Folge dessen verläuft bei dessen Verwendung die Gerbung nur sehr langsam und sehr unvollkommen.

Diese Schwierigkeiten sind bis zu einem gewissen Grade überwunden worden durch das Zweibadverfahren unter Anwendung von Chromsäure, mit welcher die Häute zunächst imprägnirt werden, um dann durch Reduktion mit schwefliger Säure, Oxalsäure, Schwefelwasserstoff oder Eisenvitriol daraus Chromoxyd bezw. -Hydroxyd abzuscheiden. Dieses Verfahren wird in der Regel so ausgeführt, dass man die Häute zunächst in eine mit

Mineralsäure versetzte Lösung eines Bichromates eintaucht. Nun ist aber bekanntlich die freie Chromsäure ein überaus starkes Oxydationsmittel und zerstörendes Agens, welches stets die Häute mehr oder weniger angreift, und man wird daher, wenn man die Reduktion nicht ganz besonders sorgfältig ausführt, bei diesem Zweibadverfahren leicht ein hartes, brüchiges Leder erhalten. Es lässt sich dies häufig auch bei Anwendung der grössten Mühe und Sorgfalt nicht vermeiden, sodass man zu der Annahme gedrängt wird, dass die Chromsäure selbst zum Theil eine beständige Verbindung mit der Hautgelatine zu bilden vermag, in der sie der Reduktion entgeht, bis dann später die zerstörende Wirkung der Chromsäure beim Lagern oder beim Verarbeiten des Leders doch noch zum Vorschein kommt und dieses spröde und klapprig wird. Diese unbefriedigende Wirkung beim Chromalaun und diese zerstörenden Eigenschaften der Chromsäure auf die Hautfaser lassen es in hohem Grade wünschenswerth erscheinen, eine Chromgerbung anzuwenden, welche einfacher und schneller zum Ziele führt, als die Anwendung des Chromalauns und bei welcher auch die Benutzung starker Säuren ausgeschlossen ist. Dieses Ziel lässt sich erreichen, wenn es gelingt, das Chromoxyd den Häuten in Form einer wasserlöslichen, neutralen und unbeständigen Verbindung zuzuführen. Derartige Verbindungen sind die basischen Salze des Chromoxyds; man versteht darunter solche Salze, bei denen ein Theil der Säure des neutralen Salzes durch ein stärkeres Alkali gebunden ist, sodass auf der andern Seite ein Salz entsteht, welches einen Ueberschuss an metallischer Basis enthält. Man kann daher ein basisches Salz als eine Auflösung von Metalloxyd in neutralem Salz ansehen, man erhält diese basischen Salze durch Zusatz eines starken Alkalis zu der Lösung des normalen, neutralen Salzes, bis eben die Abscheidung des Hydroxyds beginnt. In solchen basischen Salzen ist der Ueberschuss an metallischer Basis nur sehr lose gebunden. Es ist daher verständlich, dass derartige Salze mit Chromoxyd sich sehr gut zum Gerben eignen. Die Herstellung geschieht z. B. in folgender Weise[1]): Man stellt zunächst durch Auflösen einer bestimmten Menge Chromoxyd in verdünnter Salzsäure eine Lösung von neutralem Chromchlorid dar, indem man bei dem Auflösen des Chromoxyds dafür Sorge

---

[1]) cfr. S. 19: A. P. No. 511 411.

trägt, dass stets etwas mehr Chromoxyd vorhanden ist, als die Säure aufzunehmen vermag, sodass stets etwas Chromoxyd ungelöst zurückbleibt. Die so erhaltene Lösung wird vorsichtig mit Aetzkali oder besser mit kohlensaurem Alkali versetzt, bis eben ein bleibender Niederschlag von Chromhydroxyd entsteht. Man erhält auf diese Weise das Chromoxychlorid oder das basische salzsaure Chromoxyd; es ist ein sehr unbeständiger, in Wasser leicht löslicher Körper, der sein überschüssiges Chromoxyd leicht an andere Verbindungen abgiebt, welche, wie z. B. die Hautgelatine, eine Verwandtschaft zu Chromoxyd haben. Ausserdem enthält die Lösung nach Beendigung der Reaktion Kochsalz, welches sich durch die Einwirkung des kohlensauren Natrons auf das salzsaure Chromoxyd gebildet hat. Die Anwesenheit dieses Salzes ist für die Durchführung des Gerbprocesses von grossem Vortheil, da dadurch die auflockernde Wirkung der Chromsalze etwas gemildert, die gerbende dagegen unterstützt wird. Man setzt deshalb in der Regel noch eine weitere Menge Kochsalz absichtlich der Brühe hinzu. Auf diese Weise erhält man schliesslich eine Gerblösung, die billiger und einfacher in der Anwendung und schneller in der Wirkung ist als irgend eine Brühe aus Chromalaun. Die Gerbung der Häute geschieht in der Weise, dass man diese in der entsprechend verdünnten Brühe in dauernder Bewegung hält; der Process ist je nach der Dicke der Haut in 10 bis 48 Stunden beendigt; die Gerbbrühe muss während dessen immer nachgebessert werden. Nachdem die Abscheidung des Chromoxyds beendigt und die Gelatine vollständig unlöslich geworden ist, werden die Häute in reinem Wasser gewaschen und dann mit Wasser behandelt, in welchem kohlensaurer Kalk (Permanentweiss), kohlensaurer Baryt, kohlensaures Blei oder Zink oder dgl. in geringer Menge angerührt ist. Die Behandlung mit diesen unlöslichen Verbindungen hat den Zweck, jede Spur Säure zu neutralisiren, ohne dass es nöthig ist, die Häute in ein alkalisches Bad zu bringen. Die Vortheile dieses Verfahrens sind folgende:

1. Die Fixirung der Gelatine, die eigentliche Gerbung, erfolgt vollständig in einem einzigen Bade.

2. Die Anwendung der die Faser stark angreifenden Chromsäure wird vermieden und in Folge dessen eine grössere Haltbarkeit des Leders erzielt.

3. Ueble und giftige Gerüche, wie sie bei Anwendung von

schwefliger Säure und Schwefelwasserstoff im Zweibadverfahren unvermeidlich sind, cfr. z. B. A. P. No. 385222[1]) und No. 498067[2]) u. a., treten hier nicht auf.

4. Da die Gerbbrühe keinerlei scharfe Säuren enthält, ist die Gefahr der Beschädigung der Häute wesentlich verringert.

Endlich ist 5. das Verfahren wesentlich billiger, als das Zweibadverfahren, da die Abscheidung von Chromoxyd aus den Chromoxydsalzen bedeutend weniger kostspielig ist als aus Chromsäure durch Reduktion.

Das Verfahren besitzt thatsächlich die am Schlusse der Patentschrift betonten Vorzüge; es lässt an Einfachheit nichts zu wünschen übrig, und es ist daher begreiflich, dass das Verfahren gegenwärtig eine ausserordentliche Bedeutung erlangt hat. Es dürfte auch das Verfahren der Zukunft sein. Die Verwerthung des Patentes liegt in den Händen der Martin Dennis Chrome Tannage Company in Newark. Das erhaltene Leder ist ebenso wie die andern chromgaren Leder wasserdicht, soll sich jedoch für feinere Waaren nicht eignen. Der letztere Uebelstand dürfte sich wohl durch eine geeignete Zurichtung beseitigen lassen.

Die Herstellung der bei dem vorstehend beschriebenen Verfahren anzuwendenden Gerbbrühe hat sich Martin Dennis durch ein besonderes Patent in Amerika No. 511411 vom 26. December 1893 (angemeldet am 11. April 1893) schützen lassen. Diese Gerbbrühe wird von der M. Dennis Chrome Tannage Company unter dem Namen „Tanolin“ in den Handel gebracht.

In England ist dasselbe Verfahren für Joseph D. Gallagher in Newark, N. J., unter Patent No. 7732 vom 15. April 1893 geschützt worden.

11. C. Opl in Hruschau.

Verfahren der Verwendung von Sulfitzellstofflaugen zum Gerben.

Deutsches Reichspatent No. 75351 vom 19. Mai 1893.

Die Abfalllaugen der Sulfitzellstofffabrikation enthalten bekanntlich Gerbsäuren, welche die Fähigkeit besitzen, von Thierhaut aufgenommen zu werden und mit ihr Leder zu bilden. Diese

---

[1]) cfr. S. 80.

[2]) cfr. S. 40.

Gerbsäuren unterscheiden sich von den anderen gebräuchlichen Gerbsäuren durch die Eigenschaft, mit Thonerde, Eisenoxyd und Chromoxyd wasserlösliche Verbindungen zu bilden.

Es ist ferner bekannt, dass die Salze der Thonerde, des Eisenoxyds und Chromoxyds gerbende Eigenschaften besitzen und vielfach in der Gerberei Anwendung finden, so z. B. Alaun in der Weissgerberei. Es war daher zu vermuthen, dass die wasserlöslichen Verbindungen dieser Gerbsäuren mit den angeführten Metallsalzen ebenfalls gerbende Eigenschaften besitzen müssen, was durch Versuche bestätigt wurde.

Die Erzeugung dieser Metallsalze aus den Sulfitzellstofflaugen geschieht in der Weise, dass diese Laugen mit entsprechenden Mengen Alaun, Thonerdesulfat, Eisensulfat, Mono- oder Bisulfat der Alkalien etc. versetzt werden. Es bilden sich die löslichen gerbsauren Verbindungen der Metalle und Gyps scheidet sich aus.

Gewöhnlich enthält die rohe Sulfitlauge noch freie schweflige Säure oder Calciumbisulfit, welche vor der Behandlung mit den Metallsulfaten oder gleichzeitig mit ihnen entfernt werden müssen. Es geschieht dies dadurch, dass die rohen Sulfitzellstofflaugen mit Aetzkalk behandelt werden, wodurch die Sulfite gefällt werden, oder dadurch, dass man die Sulfitzellstofflaugen mit einer starken Säure, z. B. Schwefelsäure, Salzsäure behandelt, um die Sulfite zu zersetzen, und mit Dampf oder Luft die schweflige Säure entfernt. Die so gereinigte und mit Metallsulfaten behandelte abgeklärte Lauge kann als solche oder abgedampft als Extrakt wie die gebräuchlichen Gerbstoffextrakte in der Gerberei verwendet werden.

Patent-Anspruch:

Verwendung der durch Umsetzen mittelst Metallsulfatlösungen aus Sulfitzellstofflaugen gewonnenen Lösungen gerbsaurer Metallsalze zum Gerben von Häuten.

Die gerbenden Eigenschaften der Sulfitzellstoffabfalllaugen sind bereits von Mitscherlich erkannt und verwerthet worden (vgl. die Patente No. 4178 und No. 4179, Kl. 12). Nach den Angaben der Patentschrift No. 81643, Kl. 22 enthalten die Sulfitlaugen eine reducirende Verbindung, sodass deren Verwendung auch im Zweibadgerbverfahren nicht ausgeschlossen erscheint.

12. *A. D. Little für William M. Norris in Princeton, N. J. und Henry Burk in Philadelphia, Pa.*

Mineralgerbverfahren.

Amerikanisches Patent No. 498067 vom 23. Mai 1893. (angemeldet am 23. Juni 1891.

Das Wesentliche dieses Verfahrens ist die Anwendung von löslichen Schwefelmetallen in Verbindung mit Metallsalzen bei Gegenwart einer Säure. Gegenüber dem bisher gebräuchlichen Chromgerbverfahren, bei denen Sulfite, Bisulfite und Hyposulfite zur Anwendung kommen, zeichnet sich das Verfahren durch Einfachheit und Billigkeit aus. Der Hauptvorzug des Verfahrens besteht jedoch darin, dass die Gerbung sich direkt an das Enthaaren, bei welchem ja auch schon Schwefelmetalle zur Anwendung kommen, ohne Weiteres anschliessen kann und dass das bisher nothwendige Auswaschen uud Entkalken wegfällt. Die Häute gelangen nämlich nach dem vorliegenden Verfahren mit dem anhaftenden Sulfid zusammen in eine Auflösung von Bichromat und Salzsäure. In dieser Lösung finden nun gleichzeitig mehrere Reaktionen statt; zunächst wird durch die Salzsäure das Bichromat zersetzt und Chromsäure freigemacht; diese durchdringt die Haut, während aus dem dieser anhaftenden Schwefelmetall durch die Säure gleichzeitig Schwefelwasserstoff entwickelt wird, welcher die Chromsäure zu Chromhydroxyd reducirt, das sich in der Hautfaser als unlöslicher Niederschlag abscheidet und auf diese Weise die Gerbung bewirkt. Das Verfahren lässt sich jedoch auch schon auf enthaarte und ausgewaschene Häute anwenden. Man verfährt in diesem Falle so, dass man die Häute zunächst in einer Bichromatlösung von etwa 2% behandelt, bis sie gänzlich davon durchdrungen sind. Sie gelangen dann in eine Schwefelalkalilösung, welcher man abwechselnd Salzsäure und Schwefelalkalilösung in kleinen Portionen zufügt, wobei darauf zu achten ist, dass die Flüssigkeit stets neutral oder nur ganz schwach sauer reagirt. Die Reduktion der Chromsäure vollzieht sich auf diese Weise gleichmässig und rasch. Die nach diesem Verfahren erhaltenen Leder zeichnen sich durch ein gutes Aussehen, Weichheit und Geschmeidigkeit aus.

Das Verfahren stellt ein Einbadverfahren dar. Es erscheint ausgeschlossen, dass nach dem zuerst beschriebenen Verfahren, wonach die gekalkten Häute direkt aus dem Aescher in die Gerbbrühe gelangen, ein gutes Leder erhalten werden kann, da es kaum möglich sein wird, den Kalk unter diesen Umständen durch die Salzsäure so vollständig aus den Häuten zu entfernen, wie es zur Erzielung eines guten Leders erforderlich ist. Dagegen dürfte die andere Ausführungsform des Verfahrens in der Anwendung auf bereits enthaarte und gut ausgewaschene Häute günstige Resultate geben; Voraussetzung ist auch hier, dass jeder Ueberschuss an Säure vermieden wird, da sonst eine glatte und gleichmässige Ablagerung von Chromoxydhydrat in den Poren der Haut nicht erfolgen kann und ein grosser Ueberschuss gleichzeitig die Faser zerstören würde.

13. William Norris in Princeton, N. J.

Gerben von Häuten und Fellen.

Amerikanisches Patent No. 498077 vom 23. Mai 1893 (angemeldet am 3. Februar 1893).

Bei diesem Verfahren gelangen zwei Bäder zur Anwendung.

1. Bichromat und Salzsäure.
2. Schwefelalkalilösung mit Mineralsäure.

Das Einweichen, Kalken, Enthaaren und Auswaschen erfolgt in der üblichen Weise. Die Häute gelangen dann in das erste Bad, welches 5% des Blössengewichtes an Bichromat und halb soviel Salzsäure enthält. Wenn sich die Häute in dieser Lösung mit Chromsäure vollständig gesättigt haben, werden sie ausgepresst und in das zweite Bad gebracht. Dieses enthält eine Auflösung von 5% des Blössengewichtes an Alkalisulfid und halb soviel Salzsäure; die Häute bleiben darin, bis die Umsetzung (Reduktion der Chromsäure) vollendet und die Einwirkung auf die Häute genügend erscheint. Man erkennt dies daran, dass die Farbe der Häute von röthlich gelb nach bläulich grün umschlägt. Es folgt dann das Waschen, Einschmieren, Färben und Zurichten.

Der Unterschied dieses Verfahrens von demjenigen des vorstehenden Patentes No. 498067 ist nur sehr gering, und es ist nicht anzunehmen, dass dadurch das Resultat irgendwie geändert werden wird.

14. Derselbe.

Verfahren zum Gerben von Häuten.

Amerikanisches Patent No. 498214 vom 23. Mai 1893 (angemeldet am 14. Juli 1891).

Das Verfahren bezweckt die Herstellung von Oberleder und besteht darin, dass die Häute zunächst mit einer Chromsäurelösung imprägnirt und dann der reducirenden Wirkung von Schwefelwasserstoff ausgesetzt werden. Die Häute werden zuerst in der üblichen Weise enthaart, vom Kalk durch die Hundekothbeize befreit, ausgewaschen und mit Salzwasser geschwellt. Es folgt dann die Behandlung der Häute in einer Chromsäurelösung, wie sie erhalten wird, wenn man eine heisse Bichromatlösung mit Salzsäure versetzt; in dieser Lösung bleiben die Häute je nach der Dicke ca. 3 Stunden, bis sie vollständig mit Chromsäure durchtränkt sind, werden dann gewaschen (!) und nun mit Schwefelwasserstoffgas reducirt. Zu diesem Zweck bringt man die Häute in eine rotirende Trommel, in welche man das aus Schwefeleisen und Schwefelsäure entwickelte Schwefelwasserstoffgas leitet. Wenn die rothgelbe Farbe der Häute gleichmässig grünlich blau geworden ist, darf die Gerbung als beendet angesehen werden. Auf 3 kg Bichromat kann man etwa 4 kg Schwefeleisen rechnen. Die Häute werden dann gewaschen, geschmiert und zugerichtet.

Ein grosser Uebelstand dieses und der vorhergehenden Verfahren ist der üble Geruch und die Giftigkeit des Schwefelwasserstoffgases. In chemischer Hinsicht dürfte das zuletzt beschriebene Verfahren am besten geeignet sein, aus der Chromsäure das Chromhydroxyd in den Poren der Haut niederzuschlagen, da hier keine Säure vorhanden ist, das Chromoxyd wieder zu lösen. Das Auswaschen der Häute vor der Reduktion hat natürlich zu unterbleiben, da dadurch sonst fast alle Chromsäure wieder entfernt werden würde.

15. William Zahn in Newark, N. J.

Amerikanisches Patent No. 504012 vom 29. August 1893 (angemeldet am 13. Oktober 1892).

Nach diesem Verfahren wird ein Leder erhalten, das sich durch besondere Festigkeit, Geschmeidigkeit und Weichheit auszeichnet, sowie durch die Eigenschaft, vollkommen wasserdicht zu sein.

Das Verfahren beruht auf der Abscheidung von Chromhydroxyd und Schwefelzink in der Haut und wird in der Weise ausgeführt, dass man die Häute bei etwa 30° C. mit einer Mischung von Chromalaun mit Zinkvitriol und Kochsalz in wässriger Lösung behandelt und dann eine möglichst koncentrirte Schwefelalkalilösung zufügt. Die Felle oder Häute bleiben in diesem Bad, bis sie völlig durchtränkt sind, was, je nach der Dicke der Häute, etwa 8 Stunden in Anspruch nimmt. Als sehr vortheilhaft hat es sich erwiesen, die Häute zunächst in einer etwa $^1/_2$ %-igen Chromsäurelösung anzugerben und die Metallsalzbäder allmählich zu verstärken. Das Eindringen der Metalloxydsalze wird dadurch wesentlich befördert. Durch die Einwirkung des Schwefelalkalis auf die obengenannten Metallsalzlösungen werden Chromhydroxyd und Schwefelzink abgeschieden, welche sofort mit der Hautfaser eine unlösliche Verbindung eingehen, wodurch die gerbende Wirkung zu Stande kommt.

Auf 100 kg (?) vorbereitete Hautblössen sind erforderlich:

50 kg Chromalaun,
48 kg Zinkvitriol,
10 kg Chlornatrium und
10 kg Schwefelalkali.

16. Derselbe.

Gerbverfahren für Felle und Häute.

Amerikanisches Patent No. 504013 vom 29. August 1893 (angemeldet am 16. December 1892).

Das Verfahren beruht auf der Reduktion von Chromsäure oder chromsauren Salzen mit Hülfe von arsenigsauren Salzen, wobei ein wasserdichtes, dauerhaftes und geschmeidiges Leder bei kurzer Dauer des Gerbprocesses erzielt wird. Mit Chromsäure selbst lässt sich bekanntlich keine gegen Wasser beständige Gerbung der thierischen Haut erzielen; es ist zu diesem Zweck nöthig, die Chromsäure zu Chromoxyd zu reduciren. Am besten gelingt dies, wie zahlreiche Versuche ergeben haben, unter Anwendung von arsenigsauren Salzen in einer sauren Lösung von Kali- oder Natronsalpeter. Durch die Einwirkung der arsenigsauren Salze auf die Chromsäureverbindungen werden diese zu Chromoxyd reducirt, welches sich mit der Hautfaser zu einer unlöslichen Verbindung vereinigt und auf diese Weise ein wasserechtes Leder liefert. Das Verfahren wird als Zweibadverfahren in folgender Weise ausgeführt: Das 1. Bad enthält:

Kaliumbichromat, Kochsalz und Salzsäure (bezw. irgend eine andere Mineralsäure.)

In dieser Lösung bleiben die wie üblich vorbereiteten Häute so lange (etwa 4—8 Stunden) liegen, bis sie vollständig von der Lösung durchdrungen sind. Ob die Häute lange genug in der Flüssigkeit gelegen haben, erkennt man am besten daran, dass die Haut im Schnitt auch an der dicksten Stelle gleichmässig gelb aussieht. Die Häute werden dann abgepresst und in das zweite Bad gebracht. Dieses enthält:

Salpeter,
arsenigsauses Kali oder Natron und
Salzsäure oder eine andere Mineralsäure

und wird in der Weise hergestellt, dass man zuerst den Salpeter in so viel Wasser auflöst, dass die Häute davon bedeckt werden, und dann das vorher in Lösung gebrachte arsenigsaure Salz nebst der Säure zusetzt. In dieser Flüssigkeit werden die Häute zur Erzielung einer gleichmässigen nnd raschen Gerbung einige Stunden gut durchgearbeitet und nach beendeter Reaktion (d. h. nach etwa 5 Stunden) herausgenommen, abgepresst und in der üblichen Weise zugerichtet.

Das Neue und Wesentliche an diesem Verfahren ist die Anwendung von arsenigsauren Salzen zum Reduciren der Chromsäure. Wegen der bekannten höchst giftigen Eigenschaften dieser Salze erscheint das Verfahren für die Praxis wenig geeignet. Ganz unverständlich ist der Zusatz von Salpeter zur Gerb- bezw. Reduktionsbrühe, zumal dadurch die Bildung der dem Leder äusserst schädlichen Salpetersäure zu Stande kommen und unter Umständen die Reduktion der Chromsäure vollständig verhindert werden kann.

17. Derselbe.

Mineralgerbverfahren.

Amerikanisches Patent No. 504014 vom 29. August 1893 (angemeldet am 3. Januar 1893).

Die Erfindung betrifft ein neues Mineralgerbverfahren zur Herstellung von Kid- und anderem Leder und besteht darin, dass die Häute mit Chromoxyd-, Zink- und Mangansalzen unter Zusatz von Schwefelalkali behandelt werden. Infolge chemischer Umsetzung entstehen Chromhydroxyd, Schwefelzink und Schwefelmangan, unlösliche Körper, welche sich auf der Hantfaser niederschlagen und sich fest mit der Faser vereinigen. Für 1000 kg vorbereitete Blössen sind

50 kg Chromalaun,
30 kg Zinkvitriol,
6 kg schwefelsaures Mangan,
10 kg Schwefelalkali

erforderlich. Zur Herstellung der Gerbflüssigkeit werden zunächst die erforderlichen Mengen Chromalaun, Zinkvitriol, schwefelsaures Mangan und Kochsalz in heissem Wasser gelöst und mit so viel Wasser verdünnt, dass die Häute beim Einlegen vollständig bedeckt werden. Man giebt dann das Schwefelalkali in möglichst koncentrirter Lösung zu und lässt nun die Häute in dieser Flüssigkeit bei etwa 30^0 C. bis zur völligen Umwandlung liegen, wozu etwa 8 Stunden nöthig sind. Es hat sich als vortheilhaft erwiesen, die Häute vor der eigentlichen Gerbung $^1/_2$ bis 1 Stunde mit einer $^1/_2{}^0/_0$-igen Chromsäurelösung zu behandeln und die Gerbbrühen allmählich zu verstärken.

Das so erhaltene Leder ist vollständig wasserecht, elastisch und zähe; die Gerbung ist in kurzer Zeit beendigt sie eignet sich für alle Sorten von Häuten.

Das Verfahren ist vollständig analog demjenigen des Patentes No. 504012 desselben Erfinders und unterscheidet sich von dem genannten nur dadurch, dass ausser den Chromoxyd- und Zinksalzen auch noch das schwefelsaure Mangan zur Anwendung kommt. Ob durch die Ablagerung der Schwefelmetalle (Zink und Mangan) neben Chromhydroxyd besondere Wirkungen erzielt werden, ist nicht ersichtlich. Es dürfte sich empfehlen, die Schwefelalkalilösung erst dann zuzugeben, wenn die Häute bereits mit den Metallsalzlösungen durchtränkt sind, da nicht anzunehmen ist, dass die in Wasser ganz unlöslichen Verbindungen, Chromhydroxyd, Schwefelzink und Schwefelmangan, wenn sie schon vor dem Einbringen der Häute in die Flüssigkeit durch das Schwefelalkali ausgeschieden sind, in diesem Zustand eine gründliche gerbende Wirkung auf die Haut äussern können. Jedenfalls kann eine Durchgerbung nur in der Weise erfolgen, dass die unlöslichen Metallverbindungen in den Poren der Haut selbst erzeugt und niedergeschlagen werden.

18. Derselbe.

Mineralgerbverfahren für Häute und Felle.

Amerikanisches Patent No. 511007 vom 19. December 1893 (angemeldet 27. Mai 1893).

Das Verfahren stellt eine Verbesserung des durch das amerikanische Patent No. 504012 geschützten dar. Bei demselben werden die Häute in zwei Bädern der Einwirkung von Chromverbindungen ausgesetzt und dadurch in kurzer Zeit ein Leder erzielt, das nicht nur wasserecht, weich und geschmeidig ist, sondern auch in seinen sonstigen Eigenschaften den nach den bisherigen Chromgerbverfahren hergestellten überlegen ist. Die Ausführung des Verfahrens gestaltet sich folgendermassen:

Die wie üblich vorbereiteten Häute gelangen zunächst in eine verdünnte, am besten etwa $^1/_2$ $^0/_0$ige Chromsäurelösung, in welcher sie je nach ihrer Dicke eine bis drei Stunden bleiben, bis sie vollständig von der Lösung durchdrungen sind. Sie werden dann herausgenommen, abgepresst und in das zweite Bad gebracht, welches als wesentliche Bestandtheile Chromalaun und ein Alkali oder Erdalkalisulfid enthält. Für 100 kg Häute rechnet man 70—80 kg Chromalaun, welche man in soviel Wasser löst, dass die Häute davon bedeckt sind. In dieser Lösung werden die Häute in lebhafter Bewegung gehalten und nun die Lösung des Schwefelnatriums zugefügt. Das Sulfid verwandelt den Chromalaun in basisches Chromoxydsalz, gleichzeitig wird durch den freiwerdenden Schwefelwasserstoff die Chromsäure, die die Häute im ersten Bade absorbirt haben, zu Chromoxyd reducirt, welches sich im status nascens mit dem basischen Chromoxydsalz zu Chromoxydhydrat umsetzt. In diesem zweiten Bade bleiben die Häute je nach ihrer Dicke 10—15 Stunden oder noch länger und werden ausgewaschen und in der üblichen Weise zugerichtet.

Das so erhaltene Leder ist mild und elastisch, dabei fest und wasserecht.

Dasselbe Verfahren ist dem Erfinder, William Zahn, in England durch das Patent No. 24463 vom 19. December 1893 geschützt worden.

Es handelt sich hier um die Combination zweier an sich bekannter Verfahren, wie sie z. B. in den amerikanischen Patenten No. 498077 und 504012 beschrieben sind.

Wie schon oben bemerkt, ist nicht anzunehmen, dass bei Anwendung einer Mischung von Chromalaun mit Schwefelalkali eine rationelle Gerbung erzielt werden kann und es rathsamer sein dürfte, die Behandlung mit Schwefelalkali erst vorzunehmen, wenn die Häute bereits mit Chromalaunlösung gesättigt sind. Immerhin ist es nicht ausgeschlossen, dass unter den vorliegenden Verhältnissen, wo die Häute freie Chromsäure enthalten, eine Aufnahme von Chromoxyd bezw. die Bildung von basischen Chromoxydsalzen in den Poren der Haut zu Stande kommt und dadurch eine gründliche Gerbung bewirkt wird. Eine entsprechende Bewegung der Häute in den Gerbbrühen dürfte hier von grossem Vortheil sein.

19. William M. Norris in Princeton, N. J., und Henry Burk in Philadelphia, Pa.

Verfahren zur Darstellung mineralgarer Häute.

Amerikanisches Patent No. 518467 vom 17. April 1894 (angemeldet am 23. Januar 1893).

Das Verfahren stellt eine Verbesserung der bisher bekannt gewordenen Chromgerbverfahren dar und bezweckt eine vollständige Reduktion der Chromsäure zu unlöslichem Chromoxyd, um auf diese Weise ein in Wasser vollkommen unlösliches Product zu erhalten.

Man ist hier im Gegensatz zu den bisherigen Verfahren in der Lage, die Behandlung der Häute direkt nach der Gerbung abzubrechen, ohne dem Gerben sofort die Zurichtung folgen lassen zu müssen; in der Zwischenzeit ist vielmehr die beste Gelegenheit für die Vollendung des Gerbprocesses in den Häuten selbst geboten.

Die Vorbereitung der Häute ist dieselbe, wie bei den bekannten Chromgerbverfahren, auch die Ausführung der Gerbung selbst ist im allgemeinen die bekannte, nur mit dem Unterschied, dass die Häute unmittelbar aus dem Reduktionsbad, ohne gewaschen zu werden, in eine Lösung von Thonerdesulfat und Kochsalz gelangen, worin sie kurze Zeit bleiben, um dann herausgenommen und getrocknet zu werden. Nach dieser Behandlung bleiben sie einige Wochen oder länger sich selbst überlassen. Das Verfahren wird beispielsweise ausgeführt wie folgt: Die Häute gelangen in eine mit Mineralsäure versetzte Auflösung von Bichromat, wobei man auf 100 kg Häute etwa

5 kg Bichromat und
$2^1/_2$ kg Salzsäure

anwendet. Nachdem die Häute von dieser Lösung vollständig durchdrungen sind, werden sie abgepresst und in das Reduktionsbad gebracht, welches als wirksame Stoffe enthält: schweflige Säure, Schwefelwasserstoff, Weinsäure, Oxalsäure oder ähnliche Säuren, Eisenoxydul- oder Kupferoxydulsalze u. dgl., nascirenden Wasserstoff oder ein anderes geeignetes reducirendes Agens. In diesem Bade bleiben die Häute, bis die Reduktion zu Ende ist, und gelangen dann, ohne ausgewaschen zu werden, in eine Auflösung von Thonerdesulfat und Kochsalz; letzteres kann auch weggelassen werden, wenn dessen Bildung bereits im Reduktionsbad, z. B. durch die Wechselwirkung zwischen Salzsäure und unterschwefligsaurem Natron, vor sich gehen konnte. Auf 100 kg Häute nimmt man vortheilhaft etwa 6 kg Thonerdesulfat und eben so viel Salz. In dieser Lösung bleiben die Häute ca. 2 Stunden, worauf man sie an Haken aufhängt und vollständig trocken werden lässt. In diesem Zustand überlässt man die Häute etwa 2 Wochen oder länger sich selbst, bis man sie in der üblichen Weise zurichtet. Das Einlassen mit Fett kann hier wegfallen, da die Häute nach dem vorliegenden Verfahren auch ohne dies weich, geschmeidig und zart sind.

Bekanntlich haben Häute und Felle die Eigenschaft auf Metallsalze reducirend zu wirken und in Folge dessen aus Alaun-, Chrom- und Eisensalzen die Metalloxyde abzuscheiden. Bei dem vorliegenden Verfahren haben nun die Häute Zeit, die Reduktion der Chromverbindungen vollständig zu Ende zu führen, welche im Reduktionsbad nur theilweise zu Stande kommt, und gleichzeitig kann sich aus dem Thonerdesalz Aluminiumhydroxyd abscheiden und seinerseits die Gerbung unterstützen. Ausserdem werden die Häute durch diese Behandlung mit Aluminiumsalzen wieder vollständig durchnässt, was für die darauf folgende Zurichtung von wesentlicher Bedeutung ist. Bei den bisher üblichen Verfahren, bei denen die Zurichtung in der Regel direkt auf die Behandlung im Reduktionsbade folgt, veranlasst die allmähliche Reduktion, welche auch nach dem Zurichten noch längere Zeit in den Häuten vor sich geht, unangenehme Erscheinungen, da in diesem Fall die zum Zurichten benützten Schmier- und Appreturmittel oxydirt und in nachtheiliger Weise verändert werden, wodurch das Ansehen der Waare erheblich leidet. So wird z. B. Leinöl, das häufig zum Oelen angewendet wird, durch die energische Oxydation allmählich in einen harten Firniss verwandelt, der sich als Ueberzug auf der Oberfläche des Leders ablagert und dessen Werth erheblich herabsetzt. Ausserdem wird im Reduktionsbad stets ein Theil der Chromsäure aus der Oberfläche der Haut herausgewaschen, sodass hier eine Gerbung überhaupt nicht zu Stande kommen kann, wenn auf die Reduktion direkt die Zurichtung folgt. Alle diese Missstände werden bei dem vorliegenden Verfahren vermieden, indem hierbei die Reduktion vollständig zu Ende geführt wird und die Gerbung durch die Wirkung der Thonerdesalze unterstützt wird. Die Behandlung mit Thonerdesalzen ist auch deshalb erforderlich, da die sonst einmal getrockneten Häute ein nachträgliches Aufweichen und Zurichten nicht zulassen würden.

Da bei dem Verfahren ein Theil der organischen Hautsubstanz zur Reduktion der zurückgebliebenen Chromsäure dient und dabei zerstört wird, dürfte die Qualität des Leders nicht ganz den Angaben der Patentschrift entsprechen. Nach Heinzerling

(s. Patent No. 14769 S. 26) entstehen bei der Einwirkung der Chromsäure auf die zum Einfetten und Zurichten verwendeten Schmiermittel fettsaure Metallseifen, welche ihrerseits gerbend wirken. Ob dadurch das Aussehen des Leders leidet, hängt offenbar in erster Linie von dem zum Zurichten angewendeten Fett oder Oel ab.

21. Christian Heinzerling in Frankfurt a. M.

Mineralgerbverfahren.

Amerikanisches Patent No. 528162 vom 30. Oktober 1894 (angemeldet am 27. Juli 1893.)

Die bisher bekannten Chromgerbverfahren weisen verschiedene Mängel auf:

1. ergeben sie mangelhaftes Gewicht;
2. das Leder ist dünn und leer;
3. die Oberfläche ist rauh statt glatt und
4. ist das Leder nicht genügend widerstandsfähig gegen die Einwirkung des Wassers.

Diese Mängel lassen sich vermeiden, wenn man an Stelle der bisher angewendeten Chromoxyd- und chromsauren Salze Verbindungen der Chromsäure mit Chromoxyd benützt, oder auch solche, in welchen ein Theil der Chromsäure durch andere Säureradikale ersetzt ist. Derartige Verbindungen sind z. B.:

Chromsaures Chromoxyd ($Cr_2(CrO_4)_3$), erhalten durch Auflösen von Chromoxydhydrat in Chromsäure oder durch Umsetzung eines Chromoxydsalzes mit Chromsäure.

Saures chromsaures schwefelsaures Chromoxyd ($Cr_2(CrO_4)_2SO_4$), erhalten durch Auflösen von 1 Mol. Chromoxydhydrat in zwei Molekülen Chromsäure und 1 Mol. Schwefelsäure.

Basisches, chromsaures schwefelsaures Chromoxyd ($Cr_2CrO_4SO_4$), erhalten durch Auflösen von 1 Mol. Chromoxydhydrat in einer Mischung von 1 Mol. Schwefelsäure und 1 Mol. Chromsäure.

Endlich saures schwefelsaures chromsaures Chromoxyd, ($Cr_2CrO_4(SO_4)_2$) erhalten durch Auflösen von 1 Mol. Chromoxyhydrat in 1 Mol. Chromsäure und 2 Mol. Schwefelsäure.

In Verbindung mit diesen Salzen können auch die bisher bekannten chromsauren Alkalisalze zur Anwendung kommen.

Zur Ausführung des Verfahrens werden die Häute in der üblichen Weise vorbereitet, gereinigt und enthaart; sie gelangen zunächst in eine sehr verdünnte Lösung der oben genannten chromsauren Chromverbindungen, die allmählich durch Aufbessern verstärkt wird. Man beginnt etwa mit $^1/_4$—$^1/_2$%-igen Lösungen und steigert die Koncentration auf 10—15%. Für schwere Leder müssen zum Schluss sehr koncentrirte Lösungen angewendet werden. Für diese beträgt die Dauer der Gerbung fünf bis acht Wochen.

Neben den oben genannten Chromverbindungen kommen nun auch noch folgende zur Anwendung:

chromsaures Aluminium, erhalten durch Auflösen von Aluminiumhydroxyd in heisser Chromsäure;

thiosulfosaures Chromoxyd, erhalten durch Zersetzung von Chromoxydsalzen mit Thioschwefelsäure;

schwefligsaures Chromoxyd, erhalten durch doppelte Umsetzung von Chromoxydsalzen mit neutralen oder sauren schwefligsauren Salzen;

Chromoxydulchlorid ($CrCl_2$), erhalten durch Reduktion von Chromchlorid Cr_2Cl_6 mit Zink oder Eisen;

Chromoxydulsulfat ($CrSO_4$), erhalten durch Reduktion von schwefelsaurem Chromoxyd mit Zinkstaub oder Eisenfeilspähnen;

thiocyansaures Chromoxyd, erhalten durch Umsetzung von thiocyansaurem Baryum mit schwefelsaurem Chromoxyd;

thioschwefelsaures Eisen FeS_2O_3;

thioschwefelsaure Thonerde $Al_2(S_2O_3)_3$;

thioschwefelsaures Zink ZnS_2O_3;

thioschwefelsaures Mangan MnS_2O_3; die alle vier durch doppelte Umsetzung der schwefelsauren Salze mit thioschwefelsaurem Baryt erhalten werden; ferner die folgenden

Hydro- oder Hyposulfite;

Eisenhydrosulfit FeS_2O_4;

Zinkhydrosulfit ZnS_2O_4;

Manganhydrosulfit MnS_2O_4;

Natriumhydrosulfit $Na_2S_2O_4$, erhalten durch Einwirkung der Metalle auf schweflige Säure oder saure schwefelsaure Salze.

Zum Zurichten eignen sich am besten 5—7%-ige Lösungen dieser Salze.

Die vorstehend genannten Salze und selbst diejenigen der hydroschwefligen Säure bewirken ohne Zusatz von Säure die Reduktion der Chromsäure und ihrer Salze; besonders gilt dies von den entsprechenden Salzen des Eisens und Zinks, welche hierbei gleichzeitig Metalloxyde abscheiden und auf diese Weise nicht nur die Gerbung veranlassen, sondern auch eine Färbung bewirken. Bei dem Verfahren wird somit die Anwendung von Säure vollständig vermieden; man erreicht dadurch, dass das Leder voller und weicher wird bei gleichzeitiger Vermehrung des Gewichts und vollkommener Durchgerbung der Haut. Die Salze der hydroschwefligen Säure werden in $^1/_4$ bis $3^0/_0$-iger Lösung angewandt.

Die Verbindungen chromsaures Chromoxyd, thioschwefelsaures Chromoxyd und schwefligsaures Chromoxyd werden so leicht und in solcher Menge von der Faser aufgenommen und fixirt, dass manche Sorten von Leder mit Hülfe dieser Salze allein hergestellt werden können. Im allgemeinen empfiehlt es sich jedoch, die Salze in der beschriebenen Weise zu kombiniren.

Wenn es sich darum handelt, ein besonders festes und hartes Leder (Sohlleder) herzustellen, werden die mit den genannten Chromverbindungen gegerbten Häute mit thiocyansaurem Baryum behandelt. Durch doppelte Umsetzung entsteht dann thiocyansaures Chrom, mit welchem das entsprechende Baryumsalz zusammen in den Hautfibrillen niedergeschlagen wird.

Die für Oberleder u. dgl. leichtere Sorten bestimmten Häute werden sofort, wenn sie aus der Gerblösung kommen, gut gewaschen, geschmiert und in bekannter Weise zugerichtet; Sohlleder wird nicht gewaschen, sondern direkt getrocknet und zugerichtet. Soll das Leder gefärbt werden, muss dies vor dem Einfetten geschehen.

Das Verfahren ist auch in England durch das englische Patent No. 12849 vom 30. Juni 1893 geschützt worden. Die Angaben der englischen Patentschrift sind in manchen Punkten noch etwas ausführlicher.

23. M. J. Völcker und M. W. Bergmann in Eisenberg.

Mineralgerbverfahren.

Englisches Patent No. 9713 vom 16. Mai 1895.

Es handelt sich bei diesem Verfahren um eine reine Mineralgerbung, vermittelst deren man ein elastisches und feinnarbiges Leder erzielt, welches diese Eigenschaften auch nach dem Kochen mit Wasser behält und in Folge dessen besonders zur Herstellung von Oberleder geeignet erscheint.

Die Ausführung des Verfahrens gestaltet sich, wie folgt:

Nach der üblichen Vorbereitung werden die Häute in einer rotirenden Gerbtrommel $^1/_2$—2 Stunden mit Ammoniakgas behandelt; diese Operation hat einen doppelten Zweck, erstens soll dadurch die Entfernung der kalkhaltigen Verunreinigungen erleichtert werden, und ausserdem werden dadurch das Eiweiss und die Gelatine günstig für die darauffolgende Mineralgerbung vorbereitet. Die Häute werden dann in der Trommel während 3 bis 12 Stunden bei 25—35^0 C. mit einer 10$^0/_0$igen Alaun- und einer 5$^0/_0$igen Kochsalzlösung behandelt. Hierauf folgt die eigentliche Gerbung mit einer 5$^0/_0$igen Lösung eines Chromats oder von Chromsäure; in welcher die Häute ebenfalls unter Erwärmen etwa zwei bis vier Stunden behandelt werden; die Koncentration der Gerbbrühe muss dabei dauernd auf derselben Stärke erhalten bleiben. Die Häute werden dann gewässert und leicht gespült, um die an der Oberfläche befindlichen Chromsalze zu entfernen, und mit Schwefelwasserstoffwasser behandelt. Dabei wird die Chromsäure reducirt und Chromoxyd in der Haut niedergeschlagen. Gleichzeitig kann man auf diese Weise der Haut Farbe geben, wenn man gewisse Metallsalzlösungen anwendet, aus denen durch Schwefelwasserstoff mehr oder weniger dunkel gefärbte Schwefelmetalle niedergeschlagen werden.

Die Zurichtung erfolgt in der üblichen Weise.

24. Otto P. Amend in New York.

Mineral-Gerbverfahren.

Amerikanisches Patent No. 542971 vom 16. Juli 1895 (angemeldet am 5. April 1894).

Das Verfahren bezweckt gleichzeitig das Gerben und Färben von Häuten und Fellen, Pelzen und Leder, Rauchwaaren und Federn. Bisher war es üblich, das Gerben und das Färben getrennt vorzunehmen, da beide Processe sich im allgemeinen nicht gleichzeitig ausführen lassen und manche Operationen, welche das Gerben der Haut bezwecken, den Haaren schädlich sind, und umgekehrt. Bei dem vorliegenden Verfahren liegen die Verhältnisse insofern anders, als beide Processe zusammen ein Ganzes bilden, jedoch in ihren Einzelwirkungen sich wesentlich unterscheiden.

Die Ausführung gestaltet sich wie folgt: Nachdem die zu behandelnden Waaren in der üblichen Weise entfettet sind, gelangen sie zunächst in eine kalte wässrige Lösung von freier Chromsäure; hier vereinigt sich die organische Substanz, das Glutin und Keratin mit der Chromsäure zu einer organischen Verbindung. Es folgt dann die Reduktion, und zwar wird diese mittelst eines aromatischen Amins ausgeführt. Hierbei findet nun gleichzeitig eine eben so vollkommene Gerbung als Färbung statt, und zwar fällt die Farbe je nach der Zusammensetzung des angewendeten Amins verschieden aus. Die Haare werden bei diesem Verfahren gleichzeitig konservirt und gleichmässig gefärbt. Die Chromsäurelösung, aus reiner Chromsäure und kaltem Wasser hergestellt, wird in 1 %iger Lösung angewendet. Zur Reduktion dient eine etwa 5 %ige Lösung eines aromatischen Aminsalzes. Von diesen werden das Laktat, Sulfat, Bisulfat, Acetat, Formiat, Chlorid und Bichlorid des Anilins verwendet; auch das Nitrat, Bromid, Oxalat, Fluorid und andere Verbindungen. Am besten bewährte sich das Chlorid, im Handel bekannt als „Anilinsalz“.

Zugleich mit der Reduktion der Chromsäure zum gerbenden Chromoxyd findet hier offenbar die Bildung von Anilinschwarz durch Oxydation statt und damit die Färbung der Häute und Haare.

25. Samuel P. Sadtler in Philadelphia, Pa.

Herstellung von Leder.

Amerikanisches Patent No. 556325 vom 10. März 1896 (angemeldet am 8. Februar 1894).

Bei den bisherigen Chromgerbverfahren verfuhr man bei Anwendung von Chromsäure in der Weise, dass man die mit Chromsäure imprägnirten Häute mit Reduktionsmitteln behandelte. Als solche kamen zur Anwendung unterschwefligsaure und schwefligsaure Salze bei Gegenwart von Säure, Schwefelwasserstoff oder auch Oxydulsalze und organische Säuren. Weit bessere Resultate lassen sich erzielen, wenn man zur Abscheidung des Chromoxydhydrats aus der Chromsäure Wasserstoffsuperoxyd verwendet. Diese Verbindung gilt zwar allgemein als Oxydationsmittel, ja man kann sogar damit Chromoxyd in Chromsäure überführen; trotzdem gelingt es nach der vorliegenden Erfindung, die umgekehrte Reaktion durchzuführen, während gleichzeitig eine lebhafte Entwickelung von Sauerstoff stattfindet.

Die erste Wirkung, welche man beim Eintauchen einer mit Chromsäurelösung durchtränkten Haut in eine schwach saure Lösung von Wasserstoffsuperoxyd beobachtet, ist das Auftreten einer tiefblauen Färbung; ob diese auf der Bildung von Ueberchromsäure oder einer Verbindung von Chromsäure mit Wasserstoffsuperoxyd beruht, ist für das vorliegende Verfahren ohne Bedeutung; jedenfalls ist sie sehr unbeständig und macht bald einer grünen Färbung Platz, indem die Reduktion zum Chromoxyd vor sich geht.

Die Ueberlegenheit des Verfahrens besteht im wesentlichen darin, dass durch das Wasserstoffsuperoxyd nichts in die Flüssigkeit gelangt, was der Haut bezw. dem Leder irgend wie nachtheilig sein könnte, da bei der Zersetzung von Wasserstoffsuperoxyd bekanntlich nur Wasser und Sauerstoff entstehen. Es ist also hier kein langwieriges Auswaschen von Schwefel nöthig, auch ist keine Bildung von Schwefelsäure aus schwefliger Säure zu befürchten oder die Abscheidung von Eisen- oder Kupferoxyden, welche die Eigenart des Leders wesentlich verändern. Ferner geht die Reduktion so rasch vor sich, dass ein Auswaschen von Chromsäure bei dem vorliegenden Verfahren nicht eintreten kann.

An Stelle der fertigen Wasserstoffsuperoxydlösung können auch Metallsuperoxyde Anwendung finden, welche mit verdünnten Säuren Wasserstoffsuperoxyd entwickeln.

Bei der Ausführung des Verfahrens werden die wie üblich vorbereiteten und eingeweichten Häute zunächst mit einer Lösung von Bichromat und Salzsäure vollständig durchtränkt und nach dem Abtropfen in eine Wasserstoffsuperoxydlösung gebracht. Man hält das Bad schwach sauer und fügt das Wasserstoffsuperoxyd bezw. die Metallsuperoxyde in kleinen Portionen stetig hinzu, so dass es zu keiner lebhaften Sauerstoffentwickelung kommt. Die Häute müssen dabei fortwährend in Bewegung gehalten werden, damit die Reduktion der Chromsäure gleichmässig vor sich gehen und der Sauerstoff aus den Poren der Häute leicht entweichen kann. Von besonderer Bedeutung ist es, bei der Anwendung von Wasserstoffsuperoxyd jede Berührung mit metallischen Oberflächen zu vermeiden, da sonst erhebliche Verluste an Wasserstoffsuperoxyd stattfinden.

Als geeignete Gewichtsmengen haben sich folgende erwiesen:

$^1/_2$ kg Kaliumbichromat,
$^1/_4$ kg Salzsäure von 21° Bé. für
10 kg Häute und
pro Kilo Haut
200 g einer 10%igen (Volumprocent) Wasserstoffsuperoxydlösung.

Ueber die desoxydirende Wirkung des Wasserstoffsuperoxyds cfr. z. B. Graham Otto, anorgan. Chemie 4. Aufl., I, S. 297 ff.

26. Sager Chadwick in Philadelphia, Pa.

Mineralgerbverfahren.

Amerikanisches Patent No. 561044 vom 26. Mai 1896 (angemeldet am 28. August 1891).

Zum Gerben wurde bisher in ausgedehntem Maasse Rindengerbstoff verwendet. Da dessen Beschaffung aber von Jahr zu Jahr grössere Schwierigkeiten macht, so sind die Kosten dieses Gerbverfahrens stetig gewachsen. Den Gegenstand der Erfindung bildet nun ein Verfahren zum Gerben, welches sich durch Billigkeit auszeichnet und eine erhebliche Abkürzung des Gerbprocesses ermöglicht. Es besteht im allgemeinen darin, dass die Häute abwechselnd in Lösungen von Chromsäure und Eisenvitriol gelangen, die mit Essigsäure versetzt sind. Die Chromsäurelösung enthält auf 30 g Wasser 6,5 g Säure und die Häute bleiben in dieser Lösung, je nach ihrer Stärke, einige Stunden oder mehrere Tage, bis sie vollständig von Chromsäure durchdrungen sind; hierauf gelangen sie in die Eisenvitriollösung, welche auf 9 Theile Wasser 1 Theil Vitriol enthält, und bleiben hier ebenfalls kürzere oder längere Zeit je nach ihrer Dicke. Nach dieser Behandlung werden die Häute gewaschen und in der üblichen Weise getrocknet. Eine der beiden Lösungen oder auch beide enthalten ausserdem Essigsäure, und zwar 1 Theil Säure auf 16 Theile der Lösung, doch können diese Gewichtsverhältnisse auch geändert werden. Ferner kann man an Stelle von Chromsäure auch deren Salze, an Stelle von reiner Essigsäure auch Weinessig oder Holzessig anwenden, wodurch das Verfahren noch billiger wird.

Die Anwendung der Essigsäure bildet ein wesentliches Merkmal des Verfahrens. Wie Versuche gezeigt haben, vermag die Eisensalzlösung ohne Zusatz von Essigsäure nicht die Häute vollständig zu durchdringen; die Folge davon ist, dass aussen auf den Häuten sich Krusten ablagern, wodurch die Oberfläche mürbe und rissig wird, während die inneren Partien nur unvollständig gegerbt sind. Nach dem Zusatz von Essigsäure dagegen durchdringen beide Lösungen, sowohl die Chromsäure als auch die Metallsalzlösung leicht und gleichmässig die Haut in ihrer ganzen Dicke, so dass man auf diese Weise ein vollständig durchgegerbtes Leder von gleichmässiger Beschaffenheit erhält.

Soweit es sich um die Anwendung von Eisenvitriol zur Reduktion der Chromsäure handelt, ist das Verfahren bereits von Cavalin (s. S. 3) angegeben worden. Die Wirkung der Essigsäure beruht auf deren Eigenschaft, die Hautfasern zu lockern und zu schwellen, wodurch das Eindringen der betr. Lösungen wesentlich erleichtert wird. Derselbe Zweck dürfte sich auch durch andere organische Säuren wie Milch-, Buttersäure u. dgl. erreichen lassen, welche bekanntlich ebenfalls stark schwellend auf die Haut wirken.

27. Chr. Knees in Oshawa, Canada.

Gerbverfahren.

Amerikanisches Patent No. 564086 vom 14. Juli 1896 (angemeldet am 20. November 1895).

Die Erfindung betrifft ein einfaches Verfahren, um ein Leder von äusserst werthvollen Eigenschaften herzustellen; das so dargestellte Leder ist wasserdicht, elastisch, geschmeidig, beständig gegen Hitze und Kälte.

Bei der Ausführung des Verfahrens kommen folgende zwei Lösungen zur Anwendung:

I. ·5 % des Häutegewichts an Bichromat,
$^1/_2$ % Schwefelsäure und
5 % Klauenfettöl in Wasser.

II. 10 % Hyposulfit
7 $^1/_2$ % Schwefelsäure und
5 % Klauenfettöl in Wasser.

Die Menge des Wassers muss so gross sein, dass die Häute in der Flüssigkeit schwimmen. Die Häute werden wie gewöhnlich vorbereitet und dann im Walkfass mit den beiden Flüssigkeiten nach einander behandelt. Die Reihenfolge, in der die beiden Lösungen zur Anwendung kommen, ist ohne wesentliche Bedeutung.

Die Gerbung kommt dadurch zu Stande, dass das Oel auf Kosten der Chromsäure oxydirt und letztere gleichzeitig reducirt wird, wobei in den Poren der Haut eine unlösliche Chromverbindung fixirt wird. Auf der Abscheidung dieser fettsauren Chromverbindung beruht die Geschmeidigkeit und die Wasserechtheit des nach diesem Verfahren gegerbten Leders.

Es ist von besonderem Interesse, festzustellen, dass bei dem vorstehenden neuen Chromgerbverfahren im wesentlichen die alten von Knapp in seinem englischen Patent 2716/1861 aufgestellten Grundsätze zur Anwendung gelangen. Hier wie dort handelt es sich um die Fixirung der Metallsalze in Form von fettsauren Verbindungen. Das Verfahren ist in England durch das Patent No. 22714/1895 geschützt worden.

29. *C. H. Boehringer Sohn in Nieder-Ingelheim a. Rh.*

Verfahren zum Gerben von Häuten und Fellen unter gleichzeitiger Anwendung von Chromsäure und Milchsäure.

Deutsches Reichspatent No. 91822 vom 23. Juni 1896.

In neuerer Zeit ist besonders in Amerika das sogenannte Chromgerbverfahren vorzüglich für die Sohllederfabrikation immer mehr in Aufnahme gekommen statt des älteren Gerbverfahrens mit vegetabilischen Gerbstoffen.

Die Chromgerbung, mit deren Hülfe ein sehr wasserdichtes Sohlleder in kürzerer Frist als bei der Gerbstoffgerbung erhalten werden kann, wird meistens in der Weise ausgeführt, dass entweder die Leder mit Chromsalzen imprägnirt werden, worauf im Leder durch nachträgliche Behandlung mit alkalischen Bädern Chromoxyd niedergeschlagen wird, oder dass die Leder mit Chromsäure bezw. chromsauren Salzen imprägnirt werden, die dann durch geeignete Reduktionsmittel in einem sogenannten Reduktionsbad, z. B. in Lösungen von unterschwefligsaurem Natron oder durch Schwefelwasserstoff reducirt werden.

In allen Fällen handelt es sich im wesentlichen darum, die Faser auf die geeignetste Weise mit Chromoxyd zu füllen.

Versuche haben nun ergeben, dass Milchsäure bezw. milchsaure Salze zusammen mit chromsauren Salzen bezw. Chromsäure ausserordentlich geeignet sind, eine gute Chromgerbung zu bewirken, da Milchsäure sehr leicht Chromsäure schon in der Kälte unter Ablagerung von Chromoxyd zu reduciren vermag.

Dabei wirkt die Milchsäure als sehr milde Säure bei dem Processe auf die Haut gleichzeitig gut schwellend, ohne die Faser zu schädigen, das Gemenge von Milchsäure und chromsauren Salzen dringt wegen seiner grossen Viskosität sehr leicht in die Haut ein, ferner kann unter Einhaltung der passenden Verhältnisse die Chromgerbung leicht in einem Bade ausgeführt werden, ohne dass es eines zweiten Reduktionsbades oder eines anderen Fixirbades bedarf.

Bezüglich der Wirkung der Milchsäure wird noch Folgendes bemerkt:

Die meisten Säuren, welche als Reduktionsmittel vorgeschlagen werden könnten, lösen Chromoxyd auf, so dass sie sich schlecht zu dessen Fixirung in der Haut eignen und ausserdem eine grosse Verschwendung an Chrom veranlassen, da gerade bei der Reducirung die lösenden Stoffe entstehen. Bei dem vorliegenden Verfahren aber löst die Milchsäure gar kein Chromoxyd, denn diese ist zur Lösung auch nur ganz geringer Mengen erst in grossem Ueberschuss und in grosser Hitze befähigt.

Die Milchsäure spaltet sich bei dem Process, indem sich Aldehyd und Kohlensäure bilden, Körper, welche gegen das Leder indifferent sind, was sehr wichtig ist.

Weiter ist noch zu bemerken, dass die schwellende Eigenschaft der Milchsäure die zusammenziehende der Chromsäure ungefähr ausgleicht, während andere Säuren eine so starke Schwellung bewirken, dass das erzeugte Leder zu dick und brüchig wird.

Die Ausführung des neuen Verfahrens wird durch folgendes Beispiel erläutert:

Zum Gerben fertige, d. i. gewaschene und enthaarte Häute oder Blössen werden zunächst in ein Bad eingelegt, welches auf je 1 l Wasser enthält:

4 g Milchsäure (73 Gew.-Proc.),
2,6 g Kaliumbichromat,
0,9 g koncentrirte Schwefelsäure.

In dieser Flotte wird die Waare 3 Tage am besten bei ca. 30° C. Wärme liegen gelassen, hierauf herausgenommen und die jetzt im Durchschnitt schon durch und durch grün gefärbte Haut noch je 8 Tage successive in Flotten, welche doppelt und 4 mal so stark sind wie die erste, eingelegt.

Die Reduktion der Flotten, besonders der stärkeren, erfolgt sehr rasch, sie gehen von der rein gelbrothen Farbe schnell in grün über, und die Haut zeigt sich rasch im Schnitt durch und durch grün.

Die Häute werden hernach gespült, getrocknet und in üblicher Weise appretirt und verarbeitet.

Um recht dicke und schwere Leder zu erzeugen, empfiehlt es sich, die Blössen einer Vorschwellung mit Milchsäure zu unterziehen und den letzten starken Gerbflotten einen Ueberschuss an Milchsäure zu geben.

Patent-Anspruch:

Verfahren zum Gerben von Häuten und Fellen, gekennzeichnet durch die gleichzeitige Anwendung von chromsauren Salzen bezw. Chromsäure und milchsauren Salzen bezw. Milchsäure.

30. Hugo Schweitzer in Englewood, N. J.

Gerbverfahren.

Amerikanisches Patent No. 573362 vom 15. December 1896 (angemeldet am 27. Januar 1896).

Bei dem Verfahren kommen zwei Bäder von folgender Zusammensetzung zur Anwendung:

1. eine mit Mineralsäure versetzte Auflösung eines chromsauren Salzes;
2. ein Bad, welches Hydroxylamin oder dessen Salze, Hydroxylaminsulfosäuren oder deren Salze oder Gemische von beiden enthält, oder auch rohe Hydroxylamindisulfosäure und deren Salze, in denen bekanntlich noch geringe Mengen von Nitrilsulfosäure, Imidosulfosäure und Amidosulfosäure enthalten sind (Annal. d. Chem. 241, S. 161—252).

Beispiel: Die Häute werden wie gewöhnlich vorbereitet, indem man sie einweicht, kälkt, enthaart, beizt und auswäscht; sie gelangen dann in eine Lösung, die, wie folgt, hergestellt ist:

Für 100 kg Felle oder Häute werden

5 kg Kaliumbichromat unter Zusatz von

$2^1/_2$ kg gewöhnlicher Salzsäure in soviel Wasser gelöst, dass die in die Flüssigkeit eingehängten Häute vollständig davon bedeckt werden. In diesem Bade bleiben die Blössen, bis sie von der Lösung völlig gleichmässig durchtränkt sind, und gelangen hierauf in das zweite Bad, bestehend aus einer neutralen oder schwach sauren Auflösung von Hydroxylamin. Für 5 kg Bichromat im ersten Bade nimmt man etwa $^1/_2$—1 kg Hydroxylamin, d. h. 1—2 kg des Chlorhydrats oder $1^1/_2$—3 kg des Sulfats. Ist in diesem Bade die Umsetzung beendigt, was man an dem Umschlag der Farbe von gelb nach grün erkennt, so werden die Häute herausgehoben, abgepresst und in der üblichen Weise zugerichtet. An Stelle des Hydroxylamins selbst kann man in dem zweiten Bade auch die Hydroxylamindisulfosäure in der Form des Kaliumsalzes anwenden, wobei man auf je 5 kg Bichromat 5—10 kg des Salzes rechnet. Endlich kann man auch statt der reinen Salze die Rohprodukte direkt anwenden, da die in diesen enthaltenen Nitrosulfosäuren die Reduktion in keiner Weise merklich beeinflussen. Die Zurichtung bleibt die nämliche wie oben angegeben.

Es erscheint nicht ausgeschlossen, dass das Verfahren recht brauchbares Leder liefert, jedoch dürfte seiner allgemeinen Einführung der relativ hohe Preis des Hydroxylamins und seiner Derivate entgegenstehen. Das Hydroxylamin hat bekanntlich auch schon auf dem Gebiete der Photographie als Reduktionsmittel Anwendung gefunden.

31. George W. Adler in Philadelphia, Pa.

Mineralgerbverfahren.

Amerikanisches Patent No. 573631 vom 22. December 1896 (angemeldet am 21. Mai 1896).

Das Verfahren lässt sich auf alle Sorten Häute anwenden und liefert ein Leder, welches wasserecht, fest und dauerhaft ist, sich leicht färben und glätten lässt, eine weiche, sammetartige Fleischseite und eine fest geschlossene Narbe besitzt. Die Vorbereitung erfolgt in der üblichen Weise; es empfiehlt sich, die Häute vor der eigentlichen Gerbung in Salzwasser durchzuarbeiten.

Die Gerbung besteht im wesentlichen in der Behandlung der Häute in einer Mischung aus Chromchlorid, Glaubersalz und einer organischen Säure, besonders Ameisensäure oder Essigsäure. Die Gerblösung wird hergestellt wie folgt: Zunächst löst man eine bestimmte Menge Kaliumbichromat in der $1^1/_2$fachen, mit 2 Theilen Wasser verdünnten Menge Schwefelsäure; man erhält so eine Chromsäureverbindung, welche man mit Hülfe einer organischen Verbindung, wie Zucker oder Alkohol bei Gegenwart von Ameisensäure oder Essigsäure reducirt. Auf Zusatz von Soda entsteht in dieser Lösung ein Niederschlag von Chromoxydhydrat und Chromoxydkarbonat neben schwefelsaurem, ameisensaurem oder essigsaurem Natron; fügt man nun Salzsäure hinzu, so erhält man eine Lösung, in welcher enthalten sind: Chromchlorid, Natriumsulfat, etwas schwefelsaures Chromoxyd, Chlornatrium und schwefelsaures Natron und Ameisen- oder Essigsäure. Eine solche Lösung hat sich zur Erzielung einer gründlichen und gleichmässigen Gerbung als ganz besonders geeignet erwiesen. Das schwefelsaure Natron wird die zusammenziehende Wirkung der Chromsalze mildern, und umgekehrt werden diese die schwellende und auftreibende Kraft der Natronsalze mässigen; gleichzeitig können sich die normalen Chromsalze unter der Wirkung der organischen Säuren in den Fasern der Haut leicht unter Abscheidung von Chromoxyden zerlegen und die Gelatinesubstanz in unlösliche Form überführen. Die Aufnahme des Chroms durch die Haut erfolgt sehr rasch und vollständig; die zurückbleibende Flüssigkeit ist fast frei von gerbenden Salzen. Man wendet die Gerbflüssigkeit in der Stärke von 5—6^0 Bé. an; die Beendigung der Gerbung erkennt man mit Sicherheit an einem Schnitt durch die dickste Stelle der Haut.

Das Verfahren zeichnet sich durch seine Einfachheit, Billigkeit und Zuverlässigkeit aus. Die Zurichtung der gegerbten Häute erfolgt in der üblichen Weise.

Das Verfahren mag die in der Patentschrift hervorgehobenen Vorzüge besitzen; durch Einfachheit zeichnet es sich aber nicht aus. Dasselbe Verfahren ist auch in England unter Patentschutz gestellt worden, und zwar bildet es dort den Gegenstand des Patentes No. 14293 vom 27. Juni 1896.

33. Robert Wagner und John J. Maier in Philadelphia, Pa.

Gerben von Häuten und Fellen.

Amerikanisches Patent No. 574014 vom 29. Decbr. 1896, (angemeldet am 16. September 1896).

Das Verfahren ist ein Einbadverfahren und liefert ein Leder, welches sich durch besondere Festigkeit und Schmiegsamkeit auszeichnet. Zur Anwendung kommen Bleiweiss, Chromalaun, Salpeter uud Salzsäure beispielsweise in folgenden Mengenverhältnissen:

10 kg Chromalaun,
3 kg Salpeter,
6 kg Salzsäure,
15 kg Salz,
10 kg Bleiweiss und
150 l Wasser.

In dieser Mischung werden die Häute, nachdem sie in der üblichen Weise enthaart, gewaschen und vorbereitet sind, behandelt bis sie vollkommen durchgegerbt sind, worauf das Färben und Zurichten erfolgt.

An allzu grosser Klarheit leidet die Patentbeschreibung nicht; ganz unverständlich erscheint die Anwendung von Bleiweiss und Salpeter bei Gegenwart von Salzsäure.

34. C. H. Boehringer Sohn in Nieder-Ingelheim a. Rh.

Verfahren zum Gerben von Häuten und Fellen unter Anwendung von Chromsäure und milchsauren Salzen.

Deutsches Reichspatent No. 94291 vom 30. März 1897
Zusatz zum Deutschen Reichspatent No. 91822 (cfr. No. 29).

In dem Hauptpatent ist zum Ausdruck gelangt, dass die Milchsäure und ihre Salze durch die Chromsäure oxydirt werden und die entstehenden Chromoxydverbindungen auf diese Weise zur Gerbung benutzt werden können.

Es hat sich herausgestellt, dass die milchsauren Salze den Vorzug vor der Milchsäure verdienen, weil die Milchsäure die Haut sehr stark schwellt, so dass das entstehende Leder brüchig wird. Die entstehende Essigsäure wird bei der Verwendung milchsaurer Salze gebunden und so ein Nachtheil vermieden.

Ein weiterer Nachtheil wird aber vermieden, wenn statt der Verwendung der Milchsäure- und Chromsäureverbindungen in einem Bade dieselben nach einander in zwei Bädern verwendet werden. Es werden dann die Häute zuerst in Chromsäurelösung bezw. Lösung von Bichromat mit Salz- oder Schwefelsäure von 40° B. eingehängt. Wenn die Lösung mit der Flüssigkeit durchtränkt ist, nimmt man sie aus derselben, drückt sie aus und hängt sie in eine etwa 2 %ige Lösung des milchsauren Salzes bei etwa 35° C.

Hierdurch wird die allzu stark schwellende Wirkung auf das richtige Maass zurückgeführt und ausserdem eine beträchtliche Ersparniss an Chrom erzielt. Man lässt die Blössen hängen, bis Schnittproben zeigen, dass sie durch und durch grün geworden sind. Dies tritt bei dünnen Fellen in 2 bis 3 Tagen, bei starken in 5 bis 6 Tagen ein.

Patent-Anspruch:

Das Verfahen des Hauptpatentes dahin abgeändert, dass die Häute zunächst in ein Chromsäurebad gehängt, dann herausgenommen und ausgedrückt und dann in ein Bad einer Lösung milchsaurer Salze gehängt werden.

Die Anwendung organischer Säuren zur Reduktion der Chromsäure beim Gerben von Häuten nach dem Zweibadverfahren ist zwar bereits bekannt. (s. das amerikanische Patent No. 518467). Ferner ist insbesondere die Milchsäure selbst zur Reduktion der Chromsäure in der Färberei beim Beizen der Wolle mit Chrom verwendet worden. Diese beiden bekannten Thatsachen liessen jedoch nicht ohne weiteres den Erfolg voraussehen, der mit Anwendung der Milchsäure im Chromgerbverfahren verbunden ist. Die Ertheilung der beiden Boehringer'schen Patente erscheint uns daher im Gegensatz zu der in der Zeitschrift „Schuh und Leder“ vertretenen Auffassung durchaus gerechtfertigt.

35. William Norris in Princeton, N. J.

Mineralgerbverfahren für Häute und Felle.

Amerikanisches Patent No. 588874 vom 24. August 1897 (angemeldet am 5. Mai 1896).

Die Erfindung bezweckt eine Verbesserung der Chromgerbung nach dem Zweibadverfahren und weist gegenüber den bisher bekannten Ausführungsformen verschiedene Vorzüge auf. Die Vorbereitung ist dieselbe wie bisher; ebenso ist das Princip der Gerbung selbst unverändert. Der Unterschied besteht darin, dass in der zur Reduktion der Chromsäure dienenden Lösung, im zweiten

Bade, eine andauernde Wasserstoffentwickelung veranlasst wird, wodurch die schweflige Säure und die Thioschwefelsäure in hydroschweflige Säure umgewandelt werden, welche eine besonders kräftige Reduktionswirkung besitzt; als hydroschwefligsaure Salze werden die Salze der Säure H_2SO_2 bezeichnet.

Die Ausführung des Verfahrens gestaltet sich wie folgt:

Für 100 kg Häute löst man

5 kg Bichromat und
$2^1/_2$ kg Salzsäure von 21^0 Bé.

oder die äquivalente Menge Schwefelsäure in so viel Wasser, dass die Häute gut davon bedeckt werden. Sie bleiben in diesem Bade, bis sie vollständig von der Lösung durchtränkt sind; sie werden dann herausgenommen, von der überschüssig anhaftenden Chromlösung befreit und in das Reduktionsbad gebracht. Dieses enthielt bei den bisher bekannten Zweibadverfahren in der Regel Thiosulfat, $Na_2S_2O_3$, und Salzsäure. Durch die Säure wird zunächst die Thioschwefelsäure in Freiheit gesetzt, welche jedoch sofort im Moment ihrer Entstehung in Schwefel und schweflige Säure zerfällt; diese Verbindungen setzen sich nun in den Poren der Häute fest und können nur durch sehr langes und sorgfältiges Auswaschen entfernt werden. Das Auswaschen kostet aber nicht nur viel Zeit, sondern schädigt auch häufig die Beschaffenheit der Häute in empfindlicher Weise. Nach dem vorliegenden Verfahren werden diese Missstände nun dadurch beseitigt, dass der Reduktionslösung metallisches Zink zugesetzt und dadurch eine konstante Wasserstoffentwickelung veranlasst wird, welche die Umwandlung der schwefligen Säure in hydroschweflige Säure bewirkt nach der Gleichung:

$$2H_2SO_3 + 2H_2 = 2H_2SO_2 + 2H_2O.$$

Die Ausführung geschieht am einfachsten in der Weise, dass man einige Zinkblechstreifen in die saure Lösung hineinlegt. Die Mengenverhältnisse sind etwa folgende:

1000 kg Häute,
125 kg Thiosulfat,
50 kg Salzsäure in
6500 l Wassser und
60 kg Zink.

Das Zink bleibt beim Ablassen der unwirksam gewordenen Lösung in der Bütte und wird bei jeder neuen Füllung durch 5 kg frisches Zink ergänzt.

Auch bei Anwendung von Bisulfit im Reduktionsbad empfiehlt es sich, das Salz durch Zusatz von Zinkblech zur sauren Lösung in das hydroschwefligsaure Salz überzuführen, da auf diese Weise erheblich an Bisulfit gespart werden kann. Die Reduktion erfolgt nach folgender Gleichung:

$$2\,NaHSO_3 + H_2 = Na_2SO_3 + H_2SO_2 + H_2O.$$

Die in der angegebenen Weise erhältliche Lösung von hydroschwefliger Säure eignet sich auch ganz besonders zur Ausführung der sogen. Vorreduktion (s. o.), welche in neuerer Zeit vielfach vorgenommen wird, um dem Auswaschen der Chromsäure im Reduktionsbad vorzubeugen.

Die Vorzüge des Verfahrens bestehen somit darin:

1. Im Reduktionsbad findet wenig oder gar keine Schwefelausscheidung statt; in Folge dessen gestaltet sich das Auswaschen viel einfacher, die Häute werden geschont, Zeit, Arbeit und Apparatur gespart.
2. In Folge der stärkeren Reduktionswirkung des Hydrosulfits wird an Bisulfit gespart, und zwar so, dass, wenn z. B. 20% des Gewichts der Häute an Bisulfit und 5% Salzsäure erforderlich sind, im vorliegenden Fall 10% Bisulfit mit 5% Salzsäure ausreichen.

b) Kombinationsgerbverfahren[1]).

Eine besondere Bedeutung haben in der neueren Zeit die kombinirten Gerbungen erlangt, bei denen gleichzeitig oder nach einander mehrere ihrem Wesen nach verschiedene Gerbverfahren zur Ausführung kommen. Man bezweckt dadurch, sowohl die Dauer der Gerbung abzukürzen, als auch besonders in dem Leder Eigenschaften zu vereinigen, die man ihm durch ein einziges Verfahren nicht beibringen kann; die besten Erfolge wird man erzielen, wenn es gelingt, in einem Leder die guten Wirkungen von mehreren verschiedenen Gerbverfahren zur Geltung zu bringen, z. B.

[1]) Der Gerber 1897.

die Dichtigkeit und Festigkeit des lohgaren Leders mit der Wasserechtheit und Zähigkeit des Chromleders zu vereinigen.

Die Mineralgerbung wird sowohl mit der Fettgerbung, als auch mit der vegetabilischen Gerbung zusammen angewendet. Kombinationen der ersteren Art werden besonders bei Nähriemen- und Binderiemenleder, bei Schlagriemen und bei Zeugledersorten ausgeführt.

Die Kombination der vegetabilischen mit der Mineralgerbung findet bei der Herstellung der verschiedenartigsten Ledersorten, vom Sohlleder bis zum feinsten Handschuhleder Anwendung.

Bezüglich der Wirkung der Reihenfolge der Kombination der vegetabilischen mit der mineralischen Gerbung ist im allgemeinen Folgendes zu bemerken:

Da vegetabilischer Gerbstoff eine mit Mineralien vorgegerbte Blösse rascher durchdringt, auch intensiver färbt, so ist der Effekt scheinbar bei der Nachgerbung mit vegetabilischem Gerbstoff ein grösserer, als wenn man mit diesem Material vorgerbt; auch lässt sich solches Leder schöner schwarz färben, weil hierbei der Lohgerbstoff mitwirkt. Indessen hat aber auch eine Vorgerbung der Blössen mit Lohfarben ihre Vortheile, da die Häute in solchen Farben gehoben und in der Façon angegerbt und dadurch voller werden, während andererseits die Faserbündel durch die darauffolgende Mineralgerbung nicht so geöffnet werden können, wodurch das Gewebe nicht locker wird, sondern geschlossen bleibt, was für die Widerstandsfähigkeit gegen das Zerreissen von grosser Bedeutung ist.

Im allgemeinen ist ferner zu bemerken, dass die Chromgerbung, wie sie bisher ausgeführt wird, sich nicht gut mit jener durch vegetabilische Gerbstoffe bewirkten verträgt, jedenfalls darf bei einer solchen Kombinationsgerbung der Antheil, welchen die Chromsalze dabei nehmen sollen, nur ein sehr geringer sein, wenn man ein allen Ansprüchen genügendes Leder erhalten will.

Die Chromgerbung wird verhältnissmässig wenig mit den anderen Gerbverfahren kombinirt, jedenfalls bei weitem nicht in dem Maasse wie z. B. die Alaungerbung.

Es soll daher auch nur die Kombination mit Lohgerbung näher in Betracht gezogen werden. Diese wird bereits von Heinzerling am Schlusse seiner Patentschrift No. 14769 erwähnt. Auch von Ballatschano und Trenk ist die Kombination der

Chrom- und Alaungerbung mit der vegetabilischen Gerbung vorgeschlagen worden. Dieses Verfahren, welches den Gegenstand der Deutschen Reichspatente No. 11031 und 13122 aus dem Jahre 1880 bildet, dürfte sich vielleicht zur Herstellung von Treibriemenleder eignen, die bei der Uebertragung von Kräften von einem Objekt zum andern eine besondere Zähigkeit und Widerstandsfähigkeit gegen Zerreissen und gegen grössere Dehnung besitzen müssen, indem sich durch die Kombination von Chromsalzen mit vegetabilischen Gerbstoffen leicht eine gewisse Zähigkeit erreichen lässt; im grossen und ganzen dürfte jedoch ein solches Verfahren für die Riemenlederfabrikation keine besonderen Vortheile bieten, weil man durch diese Kombination nicht leicht die nothwendige magere Gerbung erzielen kann. Es gerben schon die Chromsalze viel intensiver als Alaun, ferner nimmt so vorgegerbtes Leder sehr rasch sehr grosse Mengen vegetabilischen Gerbstoffs auf, so dass es schwierig ist, nach diesem Verfahren die Haut egal mager durchzugerben.

Die Kombination der Lohgerbung mit Chromgerbung ist in neuerer Zeit auch als Schnellgerbverfahren für die Herstellung von Sohlleder vorgeschlagen worden. Eine Beschleunigung der Gerbung konnte auf diese Weise zwar leicht erreicht werden, aber kein richtiges Sohlleder. Dies erklärt sich leicht aus der Art der gerbenden Wirkung der Mineralsalze (s. S. 12), welche die specifische Eigenschaft besitzen, die Hautfaserbündel aufzulockern. Diese Wirkung ist nun zwar, z. B. für Oberlederarten, sehr nützlich, für Sohlleder aber schädlich, da bei diesem gerade der feste Zusammenhalt der Faserbündel erstrebt wird. In der Regel erhält man, wenn man die Gerbung der Sohlleder durch Mineralsalze beschleunigen will, ein weiches, schwammiges Produkt. Im günstigsten Fall, d. h. wenn sie in geringen Mengen benützt werden, wirken die Chromsalze dunkelnd auf die Farbe des Schnitts.

In untergeordnetem Maasse kommen Chromsalze auch bei der Herstellung gewisser Lederspecialitäten zur Anwendung, wie z. B. von den als Dogskin, Dongola und Nappa bekannten Sorten Handschuhleder. Die Herstellung dieser Specialitäten geschieht nach Eitner in folgender Weise:

Fast alles Leder, welches als Dogskin (Hundeleder) verkauft wird, ist aus Schaffellen hergestellt. Die rein gemachten Blössen kommen zuerst in eine $^1/_4$%-ige Lösung von Bichromat, in welcher sie vier Stunden gehaspelt werden. Dieses Chrombad dient zunächst zwar nur zur Grundirung die Farbstoffe, doch erfolgt damit auch eine theilweise Gerbung, da bei den nachfolgenden Operationen das nicht gerbende chromsaure Salz zu gerbenden Chromoxydverbindungen reducirt wird. Nach dem Chrombad lässt man die Felle abtropfen und bringt sie dann im Gerbfass mit vegetabilischem Gerbstoff, als welcher besonders Japonika benützt wird, sowie mit Farbstofflösungen zusammen. Es folgt dann das Oelen mit fein vertheiltem flüssigen Fett, wozu sich am besten Türkischrothöl eignet. In der mit Wasser angerührten Oelemulsion werden die Felle eine Stunde gewalkt, ausgestossen und schliesslich mit der Alaungare behandelt.

Für Nappa erhalten die Fette, nachdem sie gut ausbrochirt sind, erst die Eiernahrung, in welcher sie 24 Stunden liegen bleiben; nun kommen sie zum Grundiren $^3/_4$ Stunden ins Gerbfass mit einer Bichromatlösung zusammen und dann erfolgt die Farb- und Nachgerbeoperation mit Farbholzextrakten und Japonica; zum Schluss erhalten die abgespülten Felle noch ein Bad von Marseillerseife in Wasser, werden dann ausgestreift und zum Trocknen aufgehängt.

Auch bei der Herstellung von gefärbtem Dongolakalbleder für Schuhwaaren findet eine Gerbung mit Bichromat, wenn auch in erster Linie nur zum Zweck des Grundirens, statt. Sie erfolgt nach dem Behandeln der Häute mit der Alaungare (aus Alaun, Salz, Mehl, Dotter und Klauenöl) und mit vegetabilischem Gerbstoff vor dem Färben, indem man die Leder im Fass oder Haspelgeschirr $^1/_2$ Stunde lang der Einwirkung einer $^1/_2$%igen Bichromatlösung aussetzt und nach dem Ablassen dieses Grundirbades die Auflösung des Farbstoffes, meist einer Anilinfarbe, zugiebt. Die Zurichtung erfolgt in der Regel auf der Fleischseite.

Auch die Anwendung des Formaldehyds, von dem neuerdings auch in der Gerberei vielfach Gebrauch gemacht wird, ist zur Kombination bei dem Chromgerbprocess vorgeschlagen worden; indessen wird dieses von S. und Ch. Ed. W. Miller in Glasgow patentirte Verfahren von Eitner ziemlich abfällig beurtheilt[1]).

Ein eigenthümliches Kombinationsgerbverfahren unter Anwendung von Chromverbindungen neben vegetabilischen Gerbstoffen

---

[1]) Vgl. der Gerber 1898, No. 562.

kommt bei der amerikanischen Dongolagerbung für Ziegenfelle und sonstige leichtere Rohwaaren gegenwärtig zur Anwendung[1]).

Darnach kommen die rohen Felle nach dem Einweichen, Walken, Enthaaren und erneutem Walken in eine aus Wasser, Schwefelnatrium und Glycerin bestehende Beize und werden dann abgepresst. Sobald die Häute aus der Presse kommen, gelangen sie in die erste Gare, bestehend aus einer Auflösung von Chromalaun, Salmiak, Kurkuma und Salzsäure; nach etwa 6 Stunden werden die Häute mit einer Lösung von Schmierseife, Glycerin und Sumachextrakt etwa 1 Stunde gewalkt und 15 Minnten in einem warmen Seifenwasserbad gehaspelt. Sie werden dann aufs neue abgepresst und in die zweite Gare gebracht, bestehend aus Chromalaun, Chromkali und Sumachextrakt. In dieser Gare bleiben die Häute ebenfalls etwa 6 Stunden, worauf sie ausgewaschen und geschmiert werden. Die Schmiere besteht aus Talg, Kammfett und Glycerin. Der Narben wird noch mit Glycerin und Kammfett abgerieben, worauf man die Häute zum Trocknen aufhängt. Sind sie halb trocken, werden sie mittelst Maschinen ausgereckt und dann wieder aufgehängt. Das Verfahren wird öfters wiederholt, bis die Leder vollständig trocken sind. Es folgt dann noch die Zurichtung.

Die so hergestellten Leder greifen sich sehr weich und sammtig an, sind voll und ausserordentlich zähe und wasserdicht.

Das Wesen und die Ausführung anderer bestimmter Kombinationsgerbverfahren, bei denen Chromverbindungen zur Anwendung kommen, lassen die nachstehend aufgeführten Patentschriften erkennen.

36. Jean Ballatschano, Constantin Ballatschano und Heinrich Trenk in Berlin.

Verfahren zum Gerben von Häuten mit Lösungen von chromsaurer Thonerde in Holzessig, von Weinstein und von Tannin in Holzessig.

Deutsches Reichspatent No. 11 031 vom 10. Januar 1880.

Bei dem vorliegenden Verfahren werden die Häute mit Gerbeflüssigkeiten behandelt, welche folgendermassen zusammengestellt sind:

[1]) Deutsche Gerber-Ztg. 1898, No. 9.

Lösung No. 1. 20 bis 30 Theile chromsaure Thonerde werden in 20 bis 30 Theilen Holzessig gelöst und die Lösung wird mit 1000 Theilen Wasser verdünnt.

Lösung No. 2. Eine koncentrirte Lösung von rohem Weinstein, welcher die Lösung eines Oxyduls in Ammoniak in kleiner Quantität zugesetzt wird (z. B. Chlornickelammon).

Die Häute werden wie gewöhnlich vorbereitet, sorgfältig entkalkt und dann in folgender Weise gegerbt:

1. Es werden zwei Theile der Lösung No. 1 mit einem Theil der Lösung No. 2 gemischt und die Häute während entsprechender Zeit hineingelegt; für starke Rinds- oder Pferdehäute beträgt dieselbe 18 bis 21 Tage.

Wenn man dabei das genannte Gerbebad konstant auf einer Temperatur von + 22 bis 28° C. erhält, so geht der Gerbeprocess noch schneller vor sich.

2. Man kann die Häute auch mindestens 36 Stunden in die Lösung No. 2 einlegen und nachher die Häute mit Lösung No. 1 weiter gerben.

3. Man kann die Häute mit der Lösung No. 1 gerben und dieselben dann, nachdem sie gar sind, auswaschen und nochmals in die Lösung No. 2 bringen, worin sie 24 bis 48 Stunden zu verweilen haben.

4. Die Lösung No. 1 lässt sich auch allein und ohne No. 2 zum Gerben verwenden.

5. Das Bad lässt sich auch benutzen, um Häute vorzugerben, indem man sie zunächst in Lösung Bad No. 2 bringt und dann mit vegetabilischen Gerbstoffen behandelt. Als Gerbeflüssigkeit lässt sich eine Lösung von 1 Theil Tannin und 20 Theilen Holzessig in 1000 Theilen Wasser verwenden.

Die Beimischung eines geringen Theils Karbolsäure ist den Bädern von Vortheil.

Die auf diese Weise behandelten Häute müssen, nachdem sie fertig gegerbt sind, sehr sorgfältig ausgewaschen werden und sind hierauf wie gewöhnlich fertig zu machen.

Patent-Ansprüche:

1. Die Zusammensetzung und Anwendung von drei Bädern:
   a) Eine Auflösung von chromsaurer Thonerde in Holzessig mit starker Wasserverdünnung.

b) Eine koncentrirte oder nahezu concentrirte Auflösung von rohem Weinstein mit einem geringen Zusatz der Lösung eines Oxyduls in Ammoniak (z. B. Chlornickelammon).

c) Die Lösung von 1 bis 2 Theilen Tannin auf 1000 Theile Wasser und 20 bis 25 Th. Holzessig.

2. Die Verwendung einer Kombination der oben genannten drei Bäder mit einander in beliebigen Verhältnissen, ferner die Verwendung von zweien oder allen dreien einzeln nach einander, und weiter die Verwendung eines jeden einzelnen derselben für sich allein zum Gerben aller Art Thierhäute.

Die Wirkung der Lösung II. ist nicht recht verständlich; ob durch den Weinstein eine Reduktion der Chromsäure zu Stande kommen soll oder ob eine specifische Wirkung auf die Beschaffenheit der Haut erreicht werden soll, ist nicht ersichtlich. Nach den Angaben des folgenden Zusatzpatentes soll sie dazu dienen, die Häute zu verdichten.

37. Dieselben.

Verfahren zum Schnellgerben und zur Verdichtung von Thierhäuten.

Deutsches Reichspatent No. 13122 vom 21. April 1880, Zusatz zum Patente No. 11031.

Die Gerbeflüssigkeiten sind folgendermassen zusammengestellt:

No. 1 ist eine Lösung von Chromalaun in Holzessig mit starker Wasserverdünnung, und zwar auf 1000 Theile Wasser circa 20 bis 30 Theile Chromalaunlösung und circa 20 bis 30 Theile Holzessig.

No. 2 ist eine Lösung von rohem Weinstein, welcher die Lösung eines Salzes, wie Chlorzinn-Chlorammon, Chlornickel-Chlorcalcium etc. in kleiner Quantität zugesetzt wird.

Das beschriebene Weinsteinbad hat die Eigenschaft, die Häute nach der Gerbung mit dem besagten Holzessig-Chromalaunbade bedeutend zu verdichten, wenn selbes auf die aus dem Gerbebade No. 1 kommenden garen, ausgewaschenen und noch nassen Häute in der Dauer von 24 bis 48 Stunden und darüber angewendet wird.

Das Gerben mit diesen Flüssigkeiten geschieht in verschiedener Weise:

Werden zwei Theile der Lösung No. 1 (Chromalaun in Holzessig) mit einem Theile der Lösung No. 2 (Weinsteinlösung etc.) gemischt, so kann man mit dem so entstandenen Bade starke Rinds- oder Pferdehäute in 18 bis 21 Tagen vollkommen fertig gerben.

Für die verschiedenen Zwecke, zu welchen das fertige Leder später verarbeitet werden soll, werden entsprechende Lösungen beider unter No. 1 und No. 2 genau beschriebenen Lösungen angewendet:

a) Zwei Theile der Lösung No. 1 (Chromalaun in Holzessig) und ein Theil der Lösung No. 2 (Weinsteinlösung mit geringem Zusatz der Lösung eines Salzes, wie Chlorzinn-Chlorammon etc.).

b) Das Einlegen der Häute mindestens 36 Stunden in das Bad No. 2 und nachheriges Fertiggerben in dem unvermischten Bade No. 1.

c) Gerben mit der Lösung No. 1 (Chromalaun in Holzessig) und darauf ein beliebig langes Verweilen in dem Bade No. 2 (Weinsteinlösung).

d) Einfache Gerbung nur allein mit dem Bade No. 1 ohne Anwendung der Lösung No. 2.

Je nach Bedarf können die Gerbebäder stärker oder schwächer angewendet werden, und können die zum Gerben gebrauchten Flüssigkeiten mehrmals benutzt werden.

Eine gleiche Wirkung wie die angeführten einfachen Bäder von chromsaurer Thonerde und Chromalaun in Holzessig geben viele salpetersaure, schwefelsaure und chlorwasserstoffsaure Metallverbindungen mit Kalk, d. h. salpetersaure, schwefelsaure oder chlorwasserstoffsaure Lösungen von Metallen, welche durch Behandlung mit kohlensaurem Kalk neutralisirt oder nahezu neutralisirt sind. Von diesen besitzen die meisten, in Holzessig gelöst, eine schnell wirkende Gerbefähigkeit, welche der der vorerst angegebenen Bäder gleichkommt.

Eine noch weit grössere Dichtigkeit erhalten die Leder durch Anwendung folgenden Bades, welches je nach Bedürfniss leichter oder stärker angewendet wird.

Eine Quantität Leim wird in Wasser gekocht und derselben Oxalsäure zugesetzt; hierzu kommt eine kleine Quantität Glycerin, in welchem essigsaure Thonerde gelöst ist.

Die rohe Haut wird in dieser Lösung einige Stunden gebadet, bis sie aufgequollen ist, oberflächlich ausgedrückt und in einem der angeführten Gerbebäder gegerbt.

Es kann auch ein in einem der genannten Gerbebäder schon gegerbtes und ausgewaschenes Leder, nass oder trocken, in das Verdichtungs-Leimbad gebracht werden, bis es damit gesättigt ist, um dann ausgedrückt und in demselben Gerbebade noch nachgegerbt zu werden. Man kann auf diese Weise dem Leder eine noch nicht erreichte Dichtigkeit verleihen, und ist ein so behandeltes Leder, ohne die geringste Fettung erhalten zu haben, gegen den Einfluss des Wassers vollkommen geschützt.

Der Holzessig wirkt auf das Garwerden befördernd ein und trägt zur Güte des damit behandelten Leders bei.

Patent-Ansprüche:

1. Die Zusammensetzung und Anwendung folgender Bäder:
   a) eine Auflösung von chromsaurer Thonerde in Holzessig oder Chromalaun in Holzessig mit starker Wasserverdünnung;
   b) eine koncentrirte oder nahezu koncentrirte Auflösung von rohem Weinstein mit einem geringen Zusatz eines Salzes, wie Chlorzinn-Chlorammon, Chlornickel-Chlorcalcium und der analog zusammengesetzten Doppelsalze von Zinn, Zink, Eisen, Nickel, Kobalt, Chrom, Mangan, Aluminium, Magnesium mit alkalischen Erden oder Alkalien;
   c) die Lösung von 1 bis 2 Theilen Tannin auf 1000 Theile Wasser in 20 bis 25 Theilen Holzessig;
   d) die Anwendung der unter b) erwähnten Doppelsalze in essigsaurer Lösung;
   e) die Anwendung aller Leimarten in Verbindung mit Oxalsäure oder anderen den Leim nicht koagulirenden Säuren mit Zusatz von Glycerin und essigsaurer Thonerde;
   f) die Anwendung des Holzessigs und der ihm analogen Säuren als Hülfsmittel zum Garmachen von Thierhäuten.
2. Die Vermischung bezw. Kombination der oben genannten drei Bäder mit einander in beliebigen Verhältnissen, die Anwendung von zweien oder allen dreien einzeln nach einander und die Verwendung eines jeden einzelnen derselben für sich allein, zum Zweck, beim Gerben aller Art Thierhäute die ge-

nannten Bäder dem jedesmaligen Bedürfniss entsprechend anzupassen.

Bezüglich des im zweiten Theil dieser Patentschrift angegebenen Verfahrens zum Verdichten des Leders ist zu bemerken, dass ein ähnliches Verfahren auch in der Lohgerberei bekannt ist. Dieses ist von Soutelet vorgeschlagen worden und besteht darin, dass das Leder mit Leimlösung imprägnirt wird, wodurch in den Poren ein unlöslicher Niederschlag von gerbsaurem Leim abgeschieden wird. Es beruht auf der falschen Voraussetzung, dass gerbsaurer Leim und gegerbte Lederhautfaser dasselbe seien; dies ist jedoch nicht zutreffend, ebensowenig wie die Hautfaser, die zwar unter Umständen in Leim überzugehen vermag, mit dem Leim identisch ist. In Folge der physikalischen und chemischen Unterschiede, insbesondere in Folge der verschieden grossen Elasticität der beiden Verbindungen wird daher solches Leder grosse Geneigtheit zum Brechen zeigen, zum mindesten sehr spröde sein. Dasselbe gilt auch für das nach dem vorstehenden Verfahren dargestellte und besonders verdichtete Leder, da auch zwischen chromgegerbter Haut und unlöslichem Chromleim ähnliche Unterschiede bestehen, wie zwischen lohgarem Leder und gerbsaurem Leim.

In Amerika ist das Verfahren unter No. 236280 vom 4. Januar 1881 geschützt worden.

38. Emanuel Herrmann in Wien.

Gerbverfahren für Häute.

Englisches Patent No. 12435 vom 15. September 1884.

Das Wesentliche dieses Verfahrens ist die Herstellung einer besonderen Mischung und deren Anwendung zu Gerbereizwecken. Diese Mischung besteht aus löslichen Mineralsalzen, Harzen und andern organischen gerbend wirkenden Stoffen, welche zum grössten Theil in Wasser unlöslich sind.

Um nun auch diese letzteren mit den Häuten in die erforderliche innige Berührung zu bringen, werden diese Stoffe mit Wasser auf das feinste angeschlemmt und in der Gerbflüssigkeit emulgirt. Nach diesem Verfahren gelingt es somit, die Häute gleichzeitig mineralisch und vegetabilisch zu gerben, während man diese Kombination bisher meist nur in zwei aufeinander folgenden Gerbungen erzielen konnte. Das neue Gerbmaterial besteht aus Harz, Wachs, Fett, Oel, Zucker, Dextrin, Leim gemischt mit der fünf- bis dreissigfachen Menge von gerbenden Mineralsalzen, z. B. von Aluminium, Magnesium, Zink, Kupfer, Eisen und Chrom mit der erforderlichen Menge Wasser, um diese Salze aufzulösen. Die sämmtlichen Stoffe werden mehrere Stunden unter andauerndem Rühren gekocht und schliesslich das Ganze bis zu einer Koncentration von 45—50° Bé. eingekocht und koncentrirt. Als geeignete Mischung hat sich beispielsweise die folgende erwiesen:

39—46	Theile	schwefelsaure Thonerde,
41—49	-	Epsom-Salz,
50—56	-	Zinkvitriol,
98—105	-	Eisenvitriol,
13—20	-	Chromalaun,
$^1/_2$—6	-	Harz und etwa die doppelte Menge Terpentinöl,
2—6	-	japanisches oder Bienenwachs,
2—6	-	Talg oder Oleïn, Stearin, Glycerin,
20—90	-	Zucker, Syrup,
18—45	-	Dextrin,
4—12	-	Leim, Karraghen, Leinsamenschleim.

Die bezeichneten Stoffe können selbstverständlich auch in andern Mengenverhältnissen angewendet werden; auch kann man an Stelle von Talg Vaselin, Petroleum, Olivenöl, Margarin, Paraffin, Ozokerit, Elaïn, Ceresin u. s. w. verwenden. Die eingedampften Brühen werden wie die gewöhnlichen Tanninextrakte benutzt, indem man die Gerbbäder allmählich damit verstärkt, und zwar von 7—75 % des Extraktgewichts.

Leichtere Häute lassen sich nach diesem Verfahren in drei bis vierzehn Tagen, schwerere wie Sohlleder in zwölf bis vierzig Tagen fertig gerben. Die reine Tanningerbung kann ausserdem noch, und zwar entweder vorher oder nachher mit zur Anwendung kommen, doch müssen die Eisensalze dann aus der obigen Mischung wegbleiben.

Ein grosser Theil der angegebenen Stoffe dürfte unnützer Ballast und ohne wesentliche Bedeutung für die Wirkung des Verfahrens sein. Die Anwendung der Fette u. dgl. kann zur Erzielung eines weichen Narben von Vortheil sein.

39. P. F. Reinsch in Erlangen.

Rohgerbeverfahren.

Deutsches Reichspatent No. 40378 vom 10. Novbr. 1886 ab.

Dieses Rohgerbeverfahren besteht in folgendem:

1. Die auf die gewöhnliche Weise im Kalkäscher vorbereiteten Häute gelangen in folgende Beizflüssigkeit.

Die Beizflüssigkeit, auf 100 Volumen Wasser 0,6 Volumen gewöhnliche rohe Salzsäure enthaltend, wirkt rasch und intensiv zur Entfernung des Kalkes aus den Häuten, was bei diesem Verfahren unbedingt nothwendig ist Die Häute verbleiben in der Beize je nach der Temperatur und der Stärke der Häute bei fleissigem Umrühren 1/2 bis 1 Stunde. Alsdann werden die Häute gut ausgestrichen, mit Wasser abgespült und gelangen dann zur ersten Gar.

2. Diese Gar ist folgendermassen zusammengesetzt:

1. 100 l Wasser,
2. 5 kg Chromalaun (krystallisirt),
3. 1 200 g krystallisirte Chromsäure,
4. 1 1/2 kg Chlormagnesium,
5. 2 1/2 kg Chlornatrium.

In dieser Gar verbleiben die Häute je nach der Temperatur 2 bis 3 Tage. Die Häute werden alsdann auf der Fleischseite gut ausgestrichen, wodurch die in den Häuten befindliche nicht absorbirte Gerbeflüssigkeit fast vollständig wieder gewonnen wird; dieselbe wird zu der anderen gefügt.

Zum Zwecke der vollständigen Entfernung der in den Häuten befindlichen Gerbeflüssigkeit, was nothwendig ist, da das Pyrofuscin durch dieselbe gefällt und ausser Wirkung gesetzt wird, werden die Häute in Wasser eingeweicht und abermals beiderseits ausgestrichen. Das Ablaufwasser wird nicht weiter berücksichtigt.

3. Nach der fertigen ersten Gar gelangen die Häute in die zweite Gar, welche aus nicht sehr koncentrirter, nach patentirtem Verfahren bereiteter Pyrofuscinlösung[1]) besteht. Diese verwendete

[1]) Die Herstellung dieser Lösung bildet den Gegenstand des Patentes No. 37 022 (Kl. 28); das Verfahren besteht darin, dass man Steinkohlen und Braunkohlen direkt mit Alkali extrahirt und das Alkali in kohlensaures Alkali überführt.

Pyrofuscinlösung hat ein specifisches Gewicht von 1,025 bis 1,03 und enthält auf 100 l Wasser 1,5 bis 2,5 kg Pyrofuscin (des halbtrocknen Zustandes).

Diese Zusammensetzung entspricht so ziemlich der Rohflüssigkeit, welche man durch Extraktion der Steinkohle mit Alkali erhält. Nach zweitägigem Verweilen in der Pyrofuscinlösung, bei öfterem Umrühren, werden die Häute beiderseits auf der Tafel gut ausgestrichen. Die ausgegerbten Häute werden hierauf zugerichtet, nämlich zuerst geschwärzt, was einfach mittelst Blauholzextrakts geschieht, welches mit den in der Faser verbundenen Chromverbindungen sofort eine tiefschwarze Färbung hervorbringt, gefettet und beiderseits auf der Tafel in halbtrockenem Zustande platt gestrichen.

Das beschriebene Verfahren bezieht sich auf Schaf-, Ziegen- und schwächere Kalbhäute. Für stärkere Kalb- und Rosshäute sind die Garflüssigkeiten gleich zusammengesetzt, nur ist die Dauer für beide Garen um 1 bis 2 Tage länger.

Patent-Anspruch:

Abänderung des im Patent No. 37 022 geschützten Gerbeverfahrens, darin bestehend, dass die Häute zunächst mit einer aus Chromalaun, Chromsäure, Chlormagnesium und Chlornatrium bestehenden Gerbflüssigkeit vorgegerbt werden, bevor sie mit der nach Anspruch 1. des Patentes No. 37 022 bereiteten Pyrofuscinlösung fertig gegerbt werden.

40. Antoine Warter und Henry C. Koegel in Newark, N. J.

Herstellung von Alaunleder.

Amerikanisches Patent No. 381 734 vom 24. April 1888 (angemeldet am 23. März 1888).

Die Häute werden in der bekannten Weise enthaart, entkalkt, entfleischt und gereinigt; sie werden dann in einer Gerbtrommel mit der folgenden Mischung (Alaungare) behandelt: In

120—150 l Wasser werden
9 kg Alaun,

2 kg Kochsalz und
30 kg Weizenmehl gelöst und die Mischung bei 28—30° C. umgerührt; man giebt dann
12 kg Eidotter zu und rührt nochmals 5 Minuten gut durcheinander.

Mit dieser Mischung werden etwa 100 kg Häute $^1/_2$—1 Stunde in einer Gerbtrommel durchgearbeitet und dann zum Trocknen aufgehängt. Es folgt nun noch eine Behandlung mit schwacher Sodalösung (1 kg Soda auf 10 l Wasser), worauf die Häute in warmem Wasser ausgewaschen werden. Zum Schluss werden sie in eine sehr verdünnte Auflösung von basischem schwefelsauren Chromoxyd gebracht, welche man dadurch erhält, dass man in verdünnte Schwefelsäure von 1—2° Bé. Chromoxydhydrat einträgt, und zwar mehr, als die Säure aufzulösen vermag. Die Flüssigkeit muss neutral reagiren, was nöthigenfalls durch Zusatz von Soda erreicht werden kann. In dieser Lösung werden die mit der Alaungare vorbehandelten Häute 5—15 Stunden umherbewegt. Nach dem Herausnehmen werden sie gewaschen und zugerichtet. Die Farbe und Haltbarkeit des so hergestellten Leders ist hervorragend; dabei ist es im Gegensatz zu den bisher dargestellten Alaunledern wasserecht. Durch die auf der Faser fixirten basischen Salze wird noch ein besonderer Effekt insofern erzielt, als diese beim darauffolgenden Färben als Beizen wirken und so das Färben und Zurichten wesentlich erleichtern.

Die Behandlung mit Chromsalz dürfte hier weniger zur Gerbung beitragen, sondern vornehmlich ein Beizen der Haut bezwecken, um das darauffolgende Färben zu erleichtern.

41. William Zahn in Newark, N. J.

Verbessertes Gerbverfahren.

Amerikanisches Patent No. 385222 vom 26. Juni 1888 (angemeldet am 28. December 1887).

Das Verfahren bezweckt die Herstellung von Kidleder. Nach demselben werden die Häute wie üblich vorbereitet, indem man sie mit Schwefelnatrium oder Arsenik enthaart und dann mit Hundekothbeize und Salzwasser behandelt.

Zur eigentlichen Gerbung dienen drei Bäder:

1. Bichromat und Salzsäure.
2. Hyposulfit und Mineralsäure.
3. Eine Mischung aus verseiftem Klauenfett und vegetabilischem Gerbextrakt.

Auf 100 kg Häute kommen:

5 kg Bichromat,
2 kg Kochsalz und
$2^1/_2$ kg Salzsäure in
100 l Wasser.

In dieser Lösung werden die Häute $^1/_2$ Stunde herumbewegt, bleiben dann einige Stunden ruhig liegen und werden dann nochmals einige Zeit bewegt. Sie gelangen dann in das zweite Bad, bestehend aus

8 kg Hyposulfit,
$1^1/_2$ kg koncentrirte Schwefelsäure oder
12 kg Hyposulfit und
3 kg rauchende Salzsäure in
200 l Wasser.

In dieser Lösung werden die Häute ebenfalls abwechselnd bewegt und ruhig liegen gelassen; die Dauer der Behandlung beträgt 2 bis 10 Stunden je nach der Dicke der Haut. Die so erhaltenen chromgaren Häute werden dann gewaschen und in das dritte Bad gebracht, wo sie geschmeidig und fest werden sollen. Dasselbe enthält

$1^1/_2$ kg verseiftes Klauenfett in
20 l Wasser und
5 kg Quercitronrindenextrakt in
100 l Wasser.

Mit dieser Mischung werden die Häute $^1/_2$ Stunde im Walkfass behandelt und hierauf gefärbt; helle Farben werden im Walkfass aufgebracht; Schwarz wird aufgebürstet. Die Leder werden schliesslich auf dem Narben mit Oel geschmiert und bei 25° C. getrocknet. Durch Aufbringen von Leinöl kann man auch Glanz herstellen und die Häute dabei gleichzeitig wasserdicht und dauerhaft machen.

In England ist das Verfahren durch Patent No. 2353 vom 16. Februar 1888 geschützt worden.

Bei diesem Verfahren kommt im ersten Theil das reine Zweibadverfahren zur Anwendung, indem die Häute zunächst mit Chromsäure imprägnirt und dann der Reduktion mit schwefliger Säure unterworfen werden. Da diese Reduktion in saurer Lösung ausgeführt wird, kann eine Abscheidung von Chromhydroxyd nicht wohl zu Stande kommen. Die Gerbung erfolgt demnach durch die aus der Chromsäure gebildeten Chromoxydsalze mit Salz- oder Schwefelsäure. Mit besonderer Sorgfalt ist dabei jeder Ueberschuss an freier Säure zu vermeiden, da hierdurch sowohl die gerbende Wirkung der Chromoxydsalze vermindert, als auch das Leder stark angegriffen wird. Durch die auf die Chromgerbung folgende vegetabilische Gerbung bei Gegenwart von Seife kann eine sehr intensive Gerbung unter Schonung des Narben erzielt werden.

42. *Erik Ollestadt und Andrew Jenson in St. Paul, Minn.*

Gerbverfahren.

Amerikanisches Patent No. 401715 vom 16. April 1888 (angemeldet am 3. März 1888).

Ein grosser Uebelstand bei der Lohgerbung ist deren lange Dauer. Diese soll nach dem vorliegenden Verfahren abgekürzt werden und dabei gleichzeitig ein Produkt erhalten werden, welches durch seine Zartheit, Geschmeidigkeit und Wasserechtheit bei grosser Dauerhaftigkeit dem lohgaren Leder noch überlegen ist. Man erreicht dies Resultat durch die Kombination der Extraktgerbung mit der mineralischen Gerbung. Von Extrakten kommen zur Anwendung Hemlock, Eichen, Japonika u. dgl., von den Mineralsalzen Kupfervitriol, Alaun, Bichromat mit Schwefelsäure, Die Ausführung des Verfahrens gestaltet sich wie folgt:

Das Einweichen, Entfleischen und Enthaaren geschieht in der üblichen Weise. Für die Gerbbrühe selber nimmt man auf 10 Häute von normaler Grösse

15 Tonnen (barrels) Wasser
40 Pfund Extrakt,
20 Pfund Alaun,
10 Pfund Kupfervitriol,
8 Pfund Schwefelsäure und
$1^1/_2$ Pfund Bichromat.

Wenn Alles in Lösung gegangen ist, wird $^1/_4$ der Flüssigkeit in einer Gerbtrommel auf ca. 25° C. erwärmt und nun die Häute eingebracht. Die Trommel lässt man dreimal am Tage je 1 Stunde laufen, bis nach drei Tagen das zweite Viertel der Gerbbrühe zugegeben wird; ist auch diese verbraucht, so fügt man die zweite Hälfte der Lösung hinzu und lässt die Trommel mit Unterbrechung laufen, bis auf diese Weise die Gerbung in etwa 14 Tagen vollendet ist. Die fertig gegerbten Häute werden in reinem Wasser gespült und mit schwacher Potaschelösung gewaschen. Man schmiert sie mit einer Mischung aus gekochtem Oel und Harz oder Talg ein und hängt sie auf, bis sie halb trocken geworden sind; dann wird die Fettschmiere aufs neue gründlich in die Haut eingerieben und nun vollständig getrocknet. Das überschüssige Fett beseitigt man durch Behandeln mit warmer Potaschelösung bei 25° C. und beendigt schliesslich die Zurichtung durch die bekannten mechanischen Operationen. An Stelle der Schwefelsäure lässt sich bei dem Verfahren auch Salzsäure anwenden.

43. El. Gerson in Sydney.

Gerbverfahren ohne Anwendung vegetabilischer Gerbmaterialien.

Englisches Patent No. 8369 vom 7. Juni 1888.

Gegenstand der Erfindung ist ein Verfahren, nach welchem die Häute in kurzer Zeit und ohne grosse Kosten gegerbt werden können; trotzdem erzielt man dabei eine sehr vollständige Durchgerbung und in Folge dessen ein sehr festes und wasserdichtes Leder; es besitzt ausserdem den Vorzug, frei von jedem unangenehmen Geruch zu sein.

Die Ausführung des Verfahrens gestaltet sich, wie folgt:

Die Häute werden in der üblichen Weise enthaart und vorbereitet und gelangen dann in eine Mischung von

200 kg Kochsalz
400 kg Alaun
600 kg Bichromat und
100 kg Essigsäure;

diese Mischung wird in der Weise hergestellt, dass man die drei zuerst genannten Stoffe zunächst mit Wasser zum Sieden erhitzt und dann die Essigsäure zusetzt. Nach dem Abkühlen verdünnt man mit Wasser auf 6000 l und erhält so eine Gerbbrühe, die für 100 kg Büffelfelle ausreicht. Das Bichromat hat zunächst den Zweck, Farbe und guten Narben zu geben; es hat aber ausserdem noch die Wirkung, dass die Gelatine unlöslich wird und das Leder somit wasserecht. Das Bichromat kann theilweise durch das Bismarckbraun ersetzt werden, um dem Leder die erforderliche Färbung zu geben.

Nach der mineralischen Gerbung erhalten die Häute dann noch in einem zweiten Bad die Nahrung, bestehend aus:

300 kg Kleie,
300 kg Malz und
6000 l Wasser,

worin sie 1—1½ Tage behandelt werden, Bei der Herstellung von Sohlleder empfiehlt es sich, diesem zweiten Bad noch eine Behandlung mit Essigsäure folgen zu lassen.

In allen Bädern werden die Häute lebhaft bewegt, um auf diese Weise die Wirkung der gerbeuden Substanzen zu erhöhen und die Dauer der Gerbung abzukürzen.

44. *Leon Rappe in Newark für Lizzie S. Pierson in Wilmington, Del.*

Chromgerbverfahren.

Amerikanisches Patent No. 409336 vom 20. August 1889 (angemeldet am 24. September 1887).

Das Verfahren bezieht sich auf die Umwandlung von lohgarem Leder und hat den Zweck, ein dauernd weiches und geschmeidiges Leder herzustellen; es beruht darauf, dass die Poren des lohgaren Leders in der Kälte mit Chromhydroxyd in feinster Vertheilung angefüllt werden. Die Anwendung der gewöhnlichen Schmiermittel, wie Oel und Fett oder Seife, wird dabei überflüssig.

Durch diese nachträgliche Behandlung mit Chromoxydsalzen wird das Leder gleichzeitig intensiv gebeizt und dadurch befähigt, mit Farbstoffen sehr intensive und dauerhafte Verbindungen einzugehen.

Zunächst ist es nothwendig, reines, neutrales Chromhydroxyd herzustellen. Es geschieht dies in der Weise, dass man eine beliebige Chromoxydsalzlösung mit Soda fällt, das ausgeschiedene Chromoxydhydrat nach dem Abfiltriren und Auswaschen aufs neue in Säure löst und aus dieser Lösung wiederum durch Soda ausfällt. Nöthigenfalls wird diese Operation mehrmals wiederholt, bis man ein ganz reines neutrales Chromoxydhydrat erhält. Dieses wird nun in Schwefelsäure oder Salpetersäure von 4° B. gelöst, und zwar mit der Maassgabe, dass mehr Chromoxydhydrat zugesetzt wird, als die Säure aufzunehmen vermag, sodass selbst nach tagelang fortgesetztem Rühren noch ungelöstes Chromoxydhydrat in der Lösung vorhanden ist. Nach dem Absitzenlassen des Niederschlages hängt man das Leder bezw. die Häute in die Lösung ein und lässt sie darin 12—18 Stunden verweilen, bis sie in Folge ihrer Affinität zum Metalloxyd eine hinreichende Menge Chromoxyd aus der Lösung aufgenommen haben. Die zurückbleibende Flüssigkeit lässt sich immer wieder verwenden, indem man den darin enthaltenen Niederschlag von Chromhydroxyd einige Zeit lang aufrührt, wodurch die Flüssigkeit sich aufs neue mit Chromoxyd sättigt. Es lässt sich dies so lange wiederholen, als noch ungelöstes Chromoxydhyrat in der Flüssigkeit vorhanden ist. Die herausgenommenen Häute lässt man abtropfen und bringt sie dann in eine warme Auflösung von Blauholz, wodurch eine sehr echte Färbung des mit Chrom gesättigten und gebeizten Leders zu Stande kommt.

Die Chromgerbung vollzieht sich hier in einem Bade, in welchem vermuthlich basische Chromoxydsalze vorhanden sind, welche sehr leicht Chromoxyd abgeben; jedenfalls ist die Säuremenge auf das allergeringste Maass beschränkt, sodass auch die Spaltung eines normalen Chromoxydsalzes verhältnissmässig leicht von Statten gehen kann. Es handelt sich bei dem Verfahren um die reine Kombination der vegetabilischen mit einer darauffolgenden mineralischen Gerbung.

45. Friedrich Kornacher in Frankfurt a. M. und Diesel & Weise in Poessneck.

Schnellgerbverfahren.

Deutsches Reichspatent 86 565 vom 5. Juli 1894.

Das Verfahren bezweckt eine wesentliche Beschleunigung in der Herstellung von vollkommen lohgarem Leder und besteht im wesentlichen darin, dass man bei der Verbindung von Mineral- oder Fettgerbung mit Lohausgerbung die Haut durch vorhergehendes Behandeln mit schwacher Lohbrühe, sowie durch Trocknen und Recken für die nachfolgende Gerbung in Lohbrühen von 3 bis 5^0 B. aufschliesst und vorbereitet, so dass die Gerbung je nach der Dicke der Haut in wenigen Stunden oder Tagen durchgeführt werden kann.

Man verfährt dabei wie folgt:

Die wie bisher vorbereiteten, aber etwas mehr gekalkten und gebeizten, sowie gut eingemachten Häute werden zuerst mit einer schwachen Lohbrühe behandelt (abgefärbt). Dies geschieht einestheils, um den Narben gegen die nachfolgenden Einwirkungen widerstandsfähiger zu machen, anderntheils, um die in der Haut zurückgebliebenen, der späteren Behandlung schädlichen Kalktheilchen zu entfernen.

Die abgefärbte Haut wird dann in bekannter Weise mineralgar oder fettgar gemacht und hiernach getrocknet und gereckt. Durch diese Behandlung wird die Haut derartig aufgeschlossen und aufnahmefähig gemacht, sowie die Narbe gegen die Einwirkung der nun folgenden koncentrirten Brühe geschützt, dass der Gerbeprocess in eben so viel Stunden oder Tagen, wie er früher Wochen oder Monate brauchte, vollendet wird. Die in der beschriebenen Weise vorbereitete Haut kommt nunmehr in eine Lohbrühe von 3 bis 5^0 B. und wird darin unter ständiger Bewegung, Erwärmung und unter öfterer Erneuerung der Brühe ausgegerbt. Nach dem beschriebenen Verfahren werden leichtere Häute und Felle in wenigen Stunden, schwerere in einem oder mehreren Tagen vollständig lohgar durchgegerbt, und das auf diese Weise erzielte Leder steht weder im Aussehen noch in der Qualität und dem Rendement hinter dem nach dem alten langsamen Verfahren gegerbten zurück.

Patent-Ansprüche:

1. Schnellgerbverfahren mit Verbindung einer Mineral- oder Fettgerbung mit Lohausgerbung, gekennzeichnet durch eine vorgängige Behandlung der reingemachten Blössen mit einer schwachen Lohbrühe (Abfärben).
2. Bei dem unter Anspruch 1 gekennzeichneten Verfahren das Trocknen und Recken der mit Mineralsalzen oder Fett vorgegerbten Haut.
3. Bei der nach dem Verfahren der Ansprüche 1 und 2 vorgenommenen Fertiggerbung die Anwendung von Lohbrühen von 3 bis 5° B.

Ueber die Art der bei dem vorstehenden Verfahren angewendeten Mineralgerbung ist in der Patentschrift nichts enthalten. Nach den Angaben von Pässler[1]) handelt es sich dabei jedoch nicht um die übliche Alaun-Kochsalzgerbung, sondern um eine Kombination von Alaun-Chromgerbung. Im übrigen wird das Verfahren von Eitner[2]) ziemlich abfällig beurtheilt. Nach seiner Angabe erzielt man überhaupt kein günstiges Resultat, wenn man auf eine satte Mineralgerbung eine ebenfalls satte vegetabilische Gerbung folgen lässt; unter solchen Umständen wirkt der koncentrirte vegetabilische Gerbstoff nicht nur weniger rasch als auf die rohe Blösse, sondern man erhält ein schwammiges, loses und narbenbrüchiges Leder.

46. James Thomas Mc. Quinn in Runcorn und Edmund Caldwell in Warrington.

Neuerung beim Gerben von Häuten und Fellen.

Englisches Patent No. 23 742 vom 26. Oktober 1896.

Gegenstand der Erfindung ist ein Verfahren zum Gerben von Häuten und Fellen, welches sich dadurch auszeichnet, dass es eine Ersparniss an Zeit und Arbeit ermöglicht.

Nach dem Verfahren werden die Häute in der üblichen Weise vorbereitet, dann kurze Zeit in verdünnte Schwefelsäure getaucht,

---

[1]) Dingler, polytechn. Journ. 301 (1896) 284.

[2]) Der Gerber 1897. 536.

ausgedrückt und ausgepresst. Sie kommen dann in das eigentliche Gerbbad, bestehend aus einer Lösung von Alkalibichromat, Canella, Aloë und Schwefelsäure in Wasser. In dieser Brühe werden die Häute je nach ihrer Dicke 30 Min. bis 6 Stunden behandelt. Nach dieser Zeit ist die Gerbung vollständig beendigt, worauf man das Leder wäscht, trocknet, walzt und zurichtet.

Ein gutes Gerbbad erhält man durch folgende Zusammensetzung:

2 kg Sokotrine Aloë
1 - Canella
8 - Cap-Aloë
8 - Kaliumbichromat
7 - Handelsschwefelsäure
60 l Wasser.

Mit diesem Quantum kann man ungefähr 64 kg rohe Häute gerben. Will man Sohlleder herstellen, so werden die Häute direkt aus dem vorbereitenden Säurebad in das Gerbbad gebracht, ohne ausgepresst zu werden. Werden die Häute direkt nach dem Gerbbad geseift, ohne dass sie gewaschen und von der anhaftenden Säure befreit werden, so findet eine Zerlegung der Seife statt, wobei sich Oelsäure in der Haut ablagert, auf diese Weise zur Gerbung beiträgt und das Leder geschmeidig macht.

Der Zusatz von Canella und Aloë dürfte ohne besondere Bedeutung sein. Wenn diesen Stoffen überhaupt eine Wirkung zukommt, so dürfte diese auf einen geringen Gerbstoffgehalt dieser Droguen zurückzuführen sein und somit eine Kombination von mineralischer mit vegetabilischer Gerbung vorliegen.

47. Alois Chiba in Abertham bei Carlsbad.

Verfahren zur Darstellung von Handschuhleder.

Englisches Patent No. 9820 vom 17. April 1897.

Die Erfindung betrifft die Herstellung von Handschuhleder, welches sich von den bisherigen Erzeugnissen nicht nur durch grössere Dauerhaftigkeit, sondern besonders auch dadurch unterscheidet, dass man es unbeschadet seiner Festigkeit und Farbe mit kaltem und warmem Wasser behandeln kann. Das nach diesem Verfahren erhältliche Handschuhleder besitzt daher die werthvolle Eigenschaft, mit Wasser und neutraler Seife sich reinigen zu lassen, ohne seine Beschaffenheit zu ändern, während man bisher zu diesem Zwecke stets Benzin anwenden musste, häufig zum Nachtheil der Farbe. Die Unterschiede des neuen Handschuhleders beruhen im Wesentlichen darauf, dass das mit Alaun fertiggegerbte Leder vor dem Färben noch einer Chromgerbung unterworfen wird.

Die Herstellung des Leders geschieht in folgender Weise:

Nachdem das Leder mit Alaun völlig durchgegerbt ist, lässt man es vier bis sechs Wochen liegen, um die Alaungare so vollständig als nur möglich zur Wirkung kommen zu lassen. Nach dieser Zeit tränkt man das Leder bei 25^0 C. mit warmem Wasser, um alle Stoffe, die nicht von der Haut absorbirt worden sind, wie z. B. Mehl, Eieröl, Alaun u. s. w. zu beseitigen. Hierauf folgt eine Chromgerbung, wobei der Erfolg wesentlich von der Einhaltung der vorgeschriebenen Gewichtsverhältnisse abhängt.

Die Herstellung der Chrombrühe geschieht wie folgt:

Zu einer möglichst koncentrirten Lösung von Chromoxydhydrat in Salzsäure wird so viel Sodalösung zugegeben, dass eben ein Niederschlag entsteht. Die so erhaltene Chromoxychloridlösung wird auf 22^0 Bé bei 15^0 C. verdünnt. $3^1/_2$ l dieser Flüssigkeit werden nun mit 30 l Wasser verdünnt und mit 100 Häuten, die im weissgaren Zustand etwa 25 kg wiegen, ca. 25 bis 30 Minuten im Walkfass behandelt. Das bis dahin im Querschnitt weissgefärbte Leder nimmt dabei eine intensiv grüne Farbe an. Nach dieser Behandlung werden die 25 kg Häute unter Zusatz von möglichst wenig Wasser und 4 l Eigelb (mit 10 $^0/_0$ Salz) eine

Stunde im Walkfass bearbeitet, um das durch die Mineralgerbung stark angestrengte Leder mild zu machen.

Man erhält nach diesem Verfahren ein sehr dauerhaftes, waschbares Leder, welches ausserdem nicht so rasch schmutzt wie das gewöhnliche Handschuhleder und seine Farbe beim Waschen nicht verliert.

Das Verfahren zeigt eine gewisse Aehnlichkeit mit demjenigen des englischen Patentes No. 9713/1895 (cfr. No. 23 S. 53), dürfte diesem jedoch überlegen sein, da die Chromgerbung nach dem Einbadverfahren ohne Anwendung von Säure ausgeführt wird; ausserdem steht das Verfahren demjenigen des amerikanischen Patentes No. 381 734 (cfr. No. 40 S. 79) sehr nahe.

Anhang.

L. Stark & Co. in Mainz.

Verfahren zur Herstellung von Transparentleder.

Deutsches Reichspatent No. 16 771 vom 20. April 1881.

Gewöhnliche Thierhäute werden in sonst üblicher Weise enthaart und rein gemacht. Hierauf werden dieselben auf Rahmen gespannt und wiederholentlich mit einer Mischung bestrichen, welche zusammengesetzt ist aus: 100 Theilen Glycerin von 26° B., 0,2 Theilen Salicylsäure, 0,2 Theilen Pikrinsäure und 2,5 Theilen Borax.

Vor dem vollständigen Trocknen werden die Häute in einen vom Sonnenlicht abgeschlossenen Raum gebracht, dort mit einer wässrigen Lösung von doppeltchromsaurem Kali imprägnirt und vollständig getrocknet.

Die so weit fertig gewordenen Häute werden nun wiederum von zwei Seiten mit einer dünnflüssigen Lösung von Schellack in hochgradigem Sprit bestrichen.

Das so erhaltene Transparentleder wird zu Näh- und Schnürriemen, zu Rundriemen sowie zu flachen Treibriemen verwendet.

Patent-Anspruch:

Herstellung von Transparentleder durch Behandlung der enthaarten und rein gemachten Häute mit einer Mischung von Glycerin mit etwas Salicylsäure, Pikrinsäure und Borax und Fixirung dieser Substanzen mittelst Lösung von doppeltchromsaurem Kali und Schellacklösung.

Charles Dixon Aria in London und Octave Chemin in Paris.

Verfahren, Lederkolben und Leder-Manschetten für Petroleum und schwere Mineral-Oele undurchdringlich zu machen.

Deutsches Reichspatent No. 47 104 vom 3. Juli 1888.

Die vorliegende Erfindung betrifft ein Verfahren zum Behandeln und Präpariren der Lederkolben von Moderateur- und Carcel-Lampen, um dieselben für Petroleum und schwere Oele undurchdringlich zu machen; das Verfahren kann aber auch für die Behandlung von Lederkolben und Ledermanschetten für Pumpen oder Motoren dienen, bei welchen die Lederkolben oder Ledermanschetten direkt mit den genannten Oelen in Berührung kommen.

Um das Verfahren auszuführen, reinigt man zuerst die zu behandelnden Lederkolben und Ledermanschetten von allem Fettstoff, welchen diese etwa enthalten mögen, indem man sie einige Zeit hindurch (etwa 24 Stunden lang) in ein Bad von bekannten Fettlösungsmitteln taucht, z. B. in Schwefelkohlenstoff, Benzin, Alkohol u. dergl. Nachdem die Kolben aus dem Bad herausgezogen sind, werden sie auf geeignete Weise getrocknet, am besten in einer gut ventilirten Kammer. Die Lederkolben werden auf diese Weise in eine Art schwammigen Zustand oder zum wenigsten in einen Zustand leichter Durchlässigkeit für Flüssigkeiten gebracht. Man taucht sie sodann in eine mit geeigneter Flüssigkeit hergestellte Lösung von Guttapercha, Celluloid oder doppeltchromsaurer, mit Glycerin vermischter Gelatine. Hierbei können die Lösungen dieser verschiedenen Substanzen entweder allein oder in Mischung mit einander verwendet werden.

Um möglichst rasch zu operiren, empfiehlt es sich, diese Lösungen unter einem Druck von 2 bis 3 Atmosphären in das Innere des Leders einzupressen.

Die Lederkolben werden sodann getrocknet, so dass das Lösemittel verdunstet.

Nach diesem Verfahren erhält man an der Oberfläche und in den Poren des Leders eine Substanz, welche für Petroleum und schwere Oele undurchdringlich ist, und ausserdem wird erreicht, dass das Leder seine Elasticität bewahrt. Dadurch werden alle Uebelstände überwunden, welche sonst bei der Anwendung von Moderateur- und Carcel-Lampen entstanden, und werden solche Lampen zum Brennen von Mineralöl oder anderen schweren Oelen brauchbar, was sie bisher nicht waren, und zwar wesentlich deshalb, weil die Lederkolben oder Ledermanschetten, welche dabei verwendet wurden, porös waren und das Oel durchsickern liessen.

Patent-Anspruch:

Verfahren, Lederkolben und Ledermanschetten für Petroleum und schwere Mineralöle undurchdringlich zu machen durch Behandlung derselben mit Lösungen von Guttapercha, Celluloid oder doppeltchromsaurer, mit Glycerin vermischter Gelatine.

Dr. Karl Möller in Brackwede.

Verfahren zum Härten chromgarer Leder.

Deutsches Reichspatent No. 89 964 vom 15. August 1895.

Bisher hat man mittelst Chromgerbung nur weiche, zu Oberleder und Riemen, Lawntennisschuhsohlen etc. geeignete Leder herstellen können.

Das folgende Verfahren hat hauptsächlich den Zweck, das Leder für gewöhnliche Sohlen, Stiefelkappen und Koffermäntel geeignet zu machen, also chromgares Sohlleder herzustellen.

Durch Erhitzung der in bekannter Weise gegerbten und ausgewässerten chromgaren Leder auf eine höhere, 80° übersteigende Temperatur erfolgt in diesen ein molekularer Umwandlungsprocess, indem die Leder dicker werden und das Bestreben haben, sich zu krümmen; gleichzeitig werden sie hart, ohne spröde zu werden. Man kann durch vorheriges Beizen und verschiedene Dauer der Erhitzung leicht verschiedene Härtegrade herstellen.

Am besten geschieht das Härten durch längere Erwärmung des Leders in Wasser oder Dampf von 100° C., dem ein Trocknen bei mässiger Wärme folgt.

Um das Krümmen des Leders zu vermeiden, empfiehlt es sich, die ausgeschnittenen Kerntafeln in Rahmen zu spannen und sie in diesem eingespannten Zustande in den Erwärmungsraum zu bringen. Die Einspannung geschieht eventuell federnd, um das mit dem Dickerwerden der Haut verbundene Zusammenziehen derselben in Länge und Breite zu ermöglichen.

Die weitere Verarbeitung des Leders durch Walzen u. s. w. geschieht wie bei gewöhnlichem Sohlleder.

Patent-Anspruch:

Härten chromgarer Leder, dadurch bewirkt, dass man dieselben in einen Erhitzungsraum bringt und sie eventuell zuvor in Rahmen einspannt.

Das Verfahren ist in England durch das Patent No. 11695 vom 29. Mai 1896 geschützt.

John M. Ordway und George F. Ordway in Boston, Mass.

Verfahren zur Umwandlung von Häuten und thierischen Geweben.

Amerikanisches Patent No. 255326 vom 21. März 1882 (angemeldet 8. August 1881).

Das Verfahren bezweckt die Herstellung von Fischbeinersatz und künstlichem Hartgummi aus Häuten. Zu diesem Zwecke werden die Häute zunächst gut gereinigt und dann einige Stunden mit einer kalt gesättigten Bichromatlösung behandelt. Nach dem Trocknen werden die so vorbereiteten Häute dem direkten Sonnenlicht ausgesetzt, wobei sie allmählich eine dunklere Färbung annehmen. Die Umwandlung ist beendigt, wenn die Farbe gleichmässig dunkelbraun geworden ist und ihre Intensität nicht mehr zunimmt. Bei Häuten von $^1/_{16}$ bis $^1/_{32}$ Zoll ist der Process in etwa 6 Stunden beendigt; bei dickeren empfiehlt es sich, das Verfahren, die Behandlung mit Bichromat und darauf folgende Belichtung mehrmals zu wiederholen. Nach Beendigung der Umwandlung werden die Häute mit Wasser gewaschen und gründlich getrocknet. Die thierische Haut verliert nach diesem Verfahren vollständig ihren ursprünglichen Charakter. Das erhaltene Produkt ist biegsam, sehr dicht, wasserecht, nicht fäulnissfähig und elastisch; es ist wesentlich verschieden sowohl von Chromleder als von der bekannten Chromgelatine; letztere kann deshalb nicht entstehen, weil in dem Rohmaterial keine Gelatine vorhanden ist. Es findet hier eine direkte Vereinigung von Chromsäure oder auch von Chromoxyd mit dem ursprünglichen Collagen und Fibrin der Hautfaser statt, wodurch das vorliegende Produkt zu Stande kommt.

Heinrich Trenk in Berlin, Jean Ballatschano und Constantin Ballatschano in Bukarest.

Verfahren zum Wasserdichtmachen von Leder.

Amerikanisches Patent No. 274 059 vom 13. März 1883 (angemeldet am 21. Juli 1880).

Zunächst wird Leinöl mit $^1/_5$ seines Volumens koncentrirter Schwefelsäure etwa 30 Minuten gut durcheinandergerührt, wobei eine dicke, dunkle, zähe Masse entsteht. Man versetzt sie mit soviel einer wässerigen Lösung von Ammoniumkarbonat, dass die Masse nicht mehr sauer reagirt. In Folge doppelter Umsetzung entsteht Ammonsulfat, während sich die Mischung in zwei Schichten theilt. Die wässrige, das schwefelsaure Ammoniak enthaltende Lösung wird entfernt und die dunkle, zähe Masse zum Kochen erhitzt; auf je 5 l dieser Masse werden 400 g trockner Leim mit Wasser gekocht, beide Lösungen zusammengegeben und unter fortgesetztem Umrühren noch etwa 20 Minuten zusammen gekocht. Die so erhaltene Masse wird in der Weise zum Wasserdichtmachen angewendet, dass man sie in heissem Leinöl auflöst und in warmem Zustande auf die zu behandelnden Flächen aufträgt und tüchtig einreibt. Die so behandelten Waaren werden noch längere Zeit erwärmt, bis sie von der Masse vollständig durchtränkt sind, worauf man sie in ein Bad bringt, welches auf 40 l Wasser 1 kg Chromalaun und 1 kg Holzessig enthält. Die Häute bleiben darin 4 Tage, bis die in ihnen enthaltene Leimmasse vollständig unlöslich geworden ist; ist dies geschehen, so ist das Leder vollkommen wasserdicht geworden.

Mit geringen Aenderungen lässt sich das vorstehende Verfahren auch auf Textilwaaren und Papiererzeugnisse anwenden.

Das Verfahren erscheint in mancher Hinsicht identisch mit demjenigen des Patentes No. 13122; neu ist die Anwendung des Leinöls. Ein wesentlich neuer Erfolg dürfte dadurch kaum erreicht werden.

In England ist dasselbe Verfahren durch Patent No. 2377/1880 geschützt worden.

Jean Antoine Schweitzer in Stains (Frankreich).

Fischbeinersatz.

Amerikanisches Patent No. 582 960 vom 18. Mai 1897 (angemeldet am 18. April 1895).

Das Verfahren bezweckt die Herstellung von künstlichem Fischbein aus Häuten. Durch das in der üblichen Weise mit Hülfe von Alkalisulfid bewirkte Enthaaren verlieren die Häute ihre Elasticität fast vollständig und eignen sich dann nicht mehr zur Herstellung von Fischbein. Das Enthaaren geschieht deshalb im vorliegenden Fall durch Abscheeren, worauf man die Häute in eine Bichromatlösung bringt; aus dieser gelangen sie dann, ohne gewaschen zu werden, in eine Natrium- oder Calciumbisulfitlösung; nach Beendigung des Reduktionsprocesses werden sie herausgenommen, geglättet, getrocknet und in Streifen geschnitten, welche direkt als Fischbeinersatz in den Handel gebracht werden.

Die Bäder werden kalt angewendet.

Das erste enthält

10 % Bichromat,
das zweite 10 % Bisulfit.

In der Bichromatlösung bleiben die Häute etwa 15—20 Minuten, im zweiten Bade 48—72 Stunden.

Durch diese Behandlung erreicht man, dass die Gelatine und das Fibrin vollständig in der Haut erhalten bleiben, wodurch allein die grosse Elasticität und Steifheit erzielt werden kann. Nach der Behandlung mit Chromat und Bisulfit wird selbst beim Kochen mit Wasser keine Spur Gelatine mehr aufgelöst, und auch bei andauernder Berührung mit Feuchtigkeit findet kein Faulen der so behandelten Häute statt. Die Produkte sind olivegrün, sehr steif, werden nicht weich und halten sich gänzlich unverändert.

Offenbar findet bei diesem Verfahren eine reichliche Bildung von Chromgelatine in der Haut statt und ist dadurch die Steifheit bedingt.

Färben von Chromleder.

Bekanntlich finden die Chromsalze ausgedehnte Anwendung als Beizen in der Färberei. Es war daher anzunehmen, dass das Färben des Chromleders keinerlei Schwierigkeiten bieten würde, zumal chromgares Leder auch längeres Kochen mit wässerigen Lösungen aushält. Es hat sich jedoch gezeigt, dass beim Färben von Chromleder stets noch eine besondere Vorbehandlung nöthig ist, um die Farbe gleichmässig und klar auf das Leder zu bringen. Man verfährt in der Regel in der Weise, dass man das chromgare Leder zunächst noch mit vegetabilischem Gerbstoff behandelt und das derart tanningebeizte Leder mit den Farbstoffen zusammenbringt. Nach einer in der Kampffmeyer'schen Gerberzeitung angegebenen Vorschrift wird das Leder nach einander mit Thonerdebeize, Zinnbeize, Chrombeize und Eisenbeize behandelt, von denen jede Beize in besonderer Weise mit Säure verbunden ist. Derartig vorbehandeltes Leder soll sich speciell für das Auffärben von Alizarinfarben, und zwar bei einer Temperatur von 60^0 C. eignen.

Das Färben von Chromleder mit Säurefarbstoffen lässt sich nach Kast[1]) in der Weise ausführen, dass man das chromgare Leder mit Natronsalzen tränkt und hinterher in einer Chrombeize behandelt. Bei Anwendung besonders starker Bäder wird die natürliche Farbe des Leders bedeutend vertieft, jedoch kann sie durch einen geringen Säurezusatz zum Färbebad bedeutend aufgehellt werden.

Das Färben des Leders wird bei etwa 50^0 C. ausgeführt, indem man die Häute, wie üblich, entweder paarweise mit der Fleischseite zusammenlegt und taucht, oder einzeln auf der Platte durch Aufstreichen der Farblösung färbt. Hierauf reckt man das überschüssige Wasser aus und giebt einen gleichmässigen Leinölaufstrich. Diesen lässt man einziehen, trocknet das Leder an und bügelt bei glatter Unterlage mit heissem Bügeleisen auf dem Narben.

---

[1]) Lehne's Färberzeitung 1898, H. 6.

Nach dieser Behandlung giebt man noch einen leichten Fettaufstrich. Das erhaltene Leder ist schön glatt, hat einen sammetartigen Griff und ist selbst in den dünnsten Specialarten fast unzerreissbar.

Emil Köster für E. Avellis in Berlin.

Vorbereitung von Chromleder zum Färben.

Amerikanisches Patent No. 591769 vom 12. Oktober 1897.

Die Zurichtung nach vorliegendem Verfahren ermöglicht die Anwendung aller Anilinfarben zum Färben von chromgarem Leder in allen beliebigen Nüancen. Dieser Effekt wird im wesentlichen dadurch erreicht, dass man die chromgaren Leder entsäuert und dann mit tanninhaltigem Material behandelt. Zur Erzielung klarerer Farbtöne empfiehlt es sich, das so präparirte Leder noch mit Brechweinstein und Brechweinsteinpräparaten zu beizen.

Die Ausführung des Verfahrens gestaltet sich folgendermaassen:

Um 100 kg Chromleder zunächst zu entsäuern, werden 3 kg Kreide und 2 kg Chlornatrium in ca. 1000 l Wasser verrührt und das Leder $^1/_4$ Stunde lang in dieser Mischung behandelt, bis jede Spur Säre entfernt ist; sodann spült man mit reinem Wasser, um die Kreide zu entfernen, und behandelt die so erhaltenen Leder darnach mit vegetabilischen Extrakten. Man kann nun direkt färben, jedoch empfiehlt es sich, vorher das Leder noch mit Brechweinstein zu beizen. Dieses Beizen geschieht bei 36^0 C. im Walk- oder Haspelfass während 5—8 Minuten, worauf man die Leder in Wasser kurz abspült und im Walkfass mit den gewünschten Farben versieht.

Das Färben tanninhaltiger Leder ist bekannt. Ein etwaiger Gehalt des zu färbenden Leders an Säure dürfte besonders bei Anwendung basischer Farbstoffe hinderlich sein. Das Entsäuern chromgarer Leder mit Schlemmkreide ist bekannt aus dem Dennisschen Patent U. S. No. 495028 (cfr. S. 37).

Sachregister.

Namenregister.

Verzeichniss der Patentnummern.